全国优秀教材二等奖

"十二五"普通高等教育本科国家级规划教材

高等艺术设计课程改革实验丛书

产品的语意
（第三版）

Product Semantics

张凌浩 著

中国建筑工业出版社

图书在版编目（CIP）数据

产品的语意／张凌浩著．—3版．—北京：中国建筑工业出版社，2015.4（2024.7重印）
"十二五"普通高等教育本科国家级规划教材
高等艺术设计课程改革实验丛书
ISBN 978-7-112-17905-3

Ⅰ．①产…　Ⅱ．①张…　Ⅲ．①工业产品－造型设计－高等学校－教学
参考资料　Ⅳ．① TB472

中国版本图书馆CIP数据核字（2015）第047812号

　　《产品的语意》（第三版）保持前版理论架构的特色，对产品语意设计从宏观的产品符号意义与传播、中观的语意学设计方法到微观的多元化探索展开深入探讨，后附多个课题案例，以期在创造有体验感、想象力的产品及界面设计中扩展创新的思维。本书在前版基础上进一步增加了装饰要素、交互设计、软件界面、禅意风格表现等内容，更新了部分图片及教学实践成果，以适时反映设计定义的新进展和专业课程的新探索。

　　本书作为"十二五"普通高等教育本科国家级规划教材，适用于高等院校产品设计、工业设计、其他设计类专业本科和研究生的产品设计、设计符号学等相关课程的教学，也可以供企事业设计师及设计研究人员作参考之用。

责任编辑：吴　绫　孙立波　李东禧　陈小力
责任校对：李欣慰　赵　颖

"十二五"普通高等教育本科国家级规划教材
高等艺术设计课程改革实验丛书

产品的语意（第三版）
Product Semantics
张凌浩　著
*
中国建筑工业出版社出版、发行（北京西郊百万庄）
各地新华书店、建筑书店经销
北京嘉泰利德公司制版
建工社（河北）印刷有限公司印刷
*
开本：889×1194毫米　1/20　印张：13　字数：375千字
2015年7月第三版　　2024年7月第十五次印刷
定价：**58.00元**
ISBN 978-7-112-17905-3
　　　　　（27147）

目录

前言

　　《产品的语意》一书自 2005 年第一版、2009 年第二版到今日，已出版重印多次，被很多设计院校的相关课程所应用，从一个侧面反映出其基本吻合课程的要求。此次适逢再次入选普通高等教育"十二五"国家级规划教材及改版的契机，因此得以集中修改前版的缺漏及纳入一些新的思考。

　　当今的设计正处在一个激烈变革的时代，受新经济形势及新科技的影响，设计的定义也正在一个内涵与外延重构的重要历史节点上。设计的焦点从原有的物品扩展到服务、过程及它们在整个生命周期中构成的系统，这无疑模糊了设计与商业、管理等的学科界限，同时不可避免地使学生失去了对于设计本身精准而有想象力的表达特性的关注。而这恰恰是大设计时代概念到现实关键转换的核心能力。设计的可用性、交互性在科技换代的今天成为设计的主要评价，然而在行为流程、视觉认知等科学性的基础上，如何创造一个有体验感、有想象力的产品及界面，却始终是创造突破性设计的伟大产品所需要的。

　　设计总是处在艺术或科技影响的不断转换中，而其核心始终是人性的意义。想想设计界的"人类学家"索特萨斯所设计的情人牌打字机（1969），以及那些富有意义的经典设计，时至今日还在带来美好的感觉和不断的回味，或激起讨论的话题。因此，设计需要以人为本，并满足对于意义、故事、爱或和谐氛围的情感需求。所以，正如朱哈·卡帕所言，"设计之美并非仅仅是我们视觉上的感受。日常物品和商品的背后都有奇妙丰富的故事、不同寻常的含义以及作者的深思熟虑"。这是本书再版及修改时始终在思考的问题和关注的焦点。

本书在设计学院工业设计系较早开设的"产品语意设计"课程（1994）上发展而来，新一版结合近年的教学研究与实践，尝试将本身较为复杂晦涩的符号学理论与设计意义的表现、传播、转化及文化实践等多方面作连接思考，并突出产品意义表达的启发性。该书一直强调，要在设计中引导学生以产品语意的理论和观念扩展思路，将社会的、生活的、文化的相关知识应用于产品的创新开发，并把握产品语意在设计视觉化过程中的可能性和可行性。维甘提也指出，设计力创新的重点，应该是如何创造出更有意义的产品与服务；创新的策略不仅要做到技术变革，也要思考意义的创新。

新一版在保持原有特色的基础上，重点修改及完善了产品符号的装饰要素、内涵性意义、语意叙述中交互设计的发展、软件界面设计、禅意风格的产品形态符号表现、中国哲学意识符号的使用等部分内容；增加了经典国货再设计的教学案例实践；更换了部分图片以纳入最新的设计案例及分析，以保持该版的时代性。此外，由于前版加入了很多理论内容，无疑留下很多语句字词的疏漏，因此也做了大量的文字编辑工作。

本版书稿的撰写，也算是对自己多年来从事设计符号学、产品语意设计研究与教学，以及思考如何与当代设计紧密结合的一个汇报。希望其理论探讨、案例反思或设计应用，能对读者在设计意义的创新上有所启迪。本书的出版，首先要感谢 20 世纪 90 年代引领我进入该领域的刘观庆教授，要感谢我的博士生导师过伟敏教授对我在跨专业视野下设计符号学的指导、王安霞教授在传统文化设计研究领域给我的启发和关心支持。要感谢共同参与该课程建设及提供指导作品的曹鸣、张宪、沈杰、王俊等江南大学的各位同仁。要感谢王俊老师无私地提供编辑设计及工作室荆雪皎付出的细致而辛苦的排版工作。最后，要感谢我的父母、妻子和女儿对我的理解，他们永远都是那么最无私地付出和给予我最坚定的支持。

人至中年，方知时间和健康的可贵。改版工作持续半年，忙碌工作之余，即使是每天半夜零散时间也不敢懈怠。如今，终于完成此稿。

虽然作者已尽最大努力，但毕竟自身能力有限，书中难免有疏漏之处，恳请专家、同行批评指正。

张凌浩

2014 年 12 月 13 日于社桥绿洲

第一讲　导论

设计之美并非仅仅是我们视觉上的感受。日常物品和商品的背后都有奇妙丰富的故事、不同寻常的含义以及作者的深思熟虑。

——朱哈·卡帕（Juha Kaapa），英国利兹城市大学设计学院院长[1]

语意原指语言所包含的意义，语意学是研究语言意义的学问，"产品语意学"（Product Semantics）这一概念的提出，则是借用语言学中的一个名词，具体指研究产品语言（符号）的意义的学问。设计界把研究语言符号的构想应用到产品设计上，因而有了产品语意学这个术语的产生。作为 20世纪 80 年代工业设计界兴起的一种设计思潮和设计方法论，其理论架构虽始于 1950 年德国乌尔姆造型大学的"符号运用研究"，其实更可追溯至莫里斯（Charles W. Morris）的符号学理论。产品语意学认为设计不再只是功能使用与形式上的突破，也不应仅对人的物理及生理机能进行考虑，而是要

1　[英]罗伯特·克雷.设计之美[M].尹弢译.济南：山东画报出版社，2010.

将设计因素进一步扩展至人的意义——社会、文化与历史的脉络。

产品语意学不是新的风格，而是一种产品语言可以在其中发展、表达并沟通的系统。语意学设计即是赋予产品意义，并将意义视觉化（当然还包括其他的五感途径）。

从符号学到产品语意学

符号学（Semiotics）是当代人文科学最前沿的学术理论之一，也是一切科学的"元科学"。它是研究符号传意的人文科学。它本身的历史可以追溯到古希腊医学领域的疾病症状诊断的范畴。而现代符号学的概念和系统理论经过了索绪尔（Saussure）、皮尔斯（Pierce）、莫里斯、马克斯·本泽（Max Bense）、鲍德里亚（Jean Baudrillard）、艾柯（Umberto Eco）等许多哲学家的发展而日益丰富，形成基本的理论体系，现代符号学真正建立的标志是1969年1月国际符号学协会（IASS）的建立。符号学是研究有关符号、符号现象和符号体系的一般理论，它研究符号的本质、符号的发展规律、符号的各种意义、各符号之间的相互关系、符号与人类互动之间的各种关系。[1]

米歇尔·福柯指出，能够使一个人区别符号、使他清楚解释是什么组成了符号、使他知道它们之间如何联结并通过哪些规则联结的知识和技巧的总和称之为符号学。总之，"作为跨学科方法论，正成为当代社会人文科学认识论与方法论探讨中的重要组成部分，其影响涉及一切社会人文科学"[2]。

1　[法]罗兰·巴特. 符号学美学 [M]. 董学文，王葵译. 沈阳：辽宁人民出版社，1987.

2　李幼蒸. 理论符号学导论（第3版）[M]. 北京：社会科学文献出版社，1999：3-4.

我们赞成这样的建筑：它能适应现代经验的复杂性与矛盾性、适应建造环境的特殊性和用户的各种不同的美学趣味，并且具有与建造任务相应的象征与装饰。

——R·文丘里

西班牙毕尔巴鄂古根海姆博物馆，弗兰克·盖里设计，解构主义建筑的代表作品之一

在建筑设计领域，受到索绪尔和皮尔斯在符号学系统研究方面的启发，最早在 20 世纪 50 年代末意大利的艾柯、斯卡维尼（Scalvini）、建筑师福斯柯（de Fusco）等展开建筑符号学的研究，探讨把建筑元素看作是语言的词语。60 年代文丘里在其基础研究《建筑的复杂性与矛盾性》（1966）中明确指出了应以有意义的建筑抵制国际主义风格，而以建筑作为对象的符号学研究是有效的途径。第一届建筑符号学大会在 1968 年成功举办。在 1972 年巴塞罗那举行的"建筑、历史和符号理论大会"上，学者们以美国语言学家乔姆斯基的语言学原理为参照，从语言学的角度对建筑的深层结构作出了讨论。后来，詹克斯的著作《后现代建筑语言》又将建筑与语言的相似性——建筑的词汇、意义、句法和符号，推广到后现代建筑（即具多般面貌的建筑）的更广层面。60 年代末，法、德、英、美国开始对符号学理论重视起来，后来 70 年代在美国流行，建筑师纷纷开始注意建筑基本功能以外的"多重意义"问题，探讨设计形象对人的感官作用，以及这些作用如何被人"接受"和"理解"。

除建筑以外，符号学理论的另一热点集中在工业设计方面，主要是产品语意学。产品语意学产生的理论基础来源于符号学，但它的产生，却具有社会、历史和哲学的背景。艾柯（1979）在其符号学研究中指出，符号学由原来探讨语言的范围已延伸到探讨物品的范围。在符号学逐渐发展的 70 及 80 年代的德意志民主共和国设计理论中，Rainer Funke（1988）发展了一项假说：若无产品语言性的话，与产品的真正交往（最终也就是世界的实际占有）及社会的秩序与活力，都将成为不可能[1]。这个时期，西方工业设计

---

1 [德]Bernhard E. Burdek. 工业设计：产品造型的历史．理论与实务[M]. 胡佑宗译．台北：亚太图书出版社，1996：147.

师和学者通过多年的实践，深感产品除人体工学、结构和生产技术方面的要求，不可避免含有意义，设计师应该了解产品意义是如何形成与传达的，并将此应用于产品设计。因此，对符号学逐渐重视，并在建筑符号学研究的带动下，产品语意学的理论先后在德国、美国发展起来。

经过 20 世纪 80 年代美国《创新》（Innovation）杂志的推动，产品语意学的相关定义和概念被纷纷提出，使"符号"与"意义"的概念在产品设计及艺术设计的各个领域发生联结，从理论研究到设计实践，从研究工具到设计方法，无不受其影响，成为工业设计界令人注目的一股设计思潮。通过美国、德国、荷兰、日本和北欧等各地的学者和企业设计师的大力推动，在 80 年代中期最终成为遍及全世界的设计潮流，给当时沉闷的现代主义产品设计开启了新的视野，明显影响了当代工业设计以及设计教学的发展。

产品语意学的发展

产品语意学的理论起源于德国乌尔姆设计学院提出的"设计符号论"。德国设计领域对符号学的兴趣始于 20 世纪 50 年代，马尔多纳多教授最早在一所设计学校开设的设计符号学课程，他和郭本思都为学校期刊《乌尔姆》撰写了很多论文，例如马尔多纳多的《交流与符号学》。汉斯·古格洛特（Hans Gugeiot）在一次报告（1962）中，以"作为符号的设计"一语指明了符号与设计的一致性，即"具有正确信息内容的任何产品都是一个符号"。其强调产品指示（标识功能）作为设计的第一步的观点，从传统到现在都备受重视。古伊·邦西普（Gui Bonsiepe）（1963）强调符号学对设计的重要性时说：

PHILIPS 公司 "Roller"（滚轮）收音机

"基于符号程序的、在使用者和器具之间的沟通方面可能是工业设计理论最重要的部分。"

马克思·本泽进一步推动了符号学观点在形式美学功能原理的基本造型方法中的探讨，影响到后来"好的造型"的准则。因此，乌尔姆设计学院的尝试带动了符号学在产品设计中的研究。

1983 年，由美国宾夕法尼亚大学的克劳斯·克里彭多夫（K. Krippendorff）教授、俄亥俄州立大学的莱因哈特·巴特（Reinhart Butter）教授明确提出"产品语意学"这一概念，并在美国工业设计师协会 IDSA 年会（1984 年）期间举行的关于产品语意学的专题研讨会上予以明确定义，即"研究人造物体的形态在使用环境中的象征特性，并且将其中知识应用于工业设计上的学问"。并进一步认为产品语意学是对旧有事物的新觉醒，产品不仅要具备物理机能，应该能够向使用者揭示或暗示出如何操作使用，同时产品还应具有象征意义，能够构成人们生活当中的象征环境。

克里彭多夫与巴特、麦科伊的产品语意学文章，刊登于《创新》杂志 1984 年春季号

Product Semantics:
Exploring the Symbolic Qualities of Form

Defining a New Functionalism in Design

1984 年，会议论文由该协会《创新》杂志春季号结集出版，主题为"形式的语意学"。专辑中收录了克劳斯·克里彭多夫、巴特、格罗斯（Gross）、麦科伊（M. McCoy）、朗诺何（Lannoch）和其他人的文章，例如《*Product Semantics: Exploring the Symbolic Qualities of Form*》、《*Defining a New Functionalism in Design*》等。通过这份专刊，20 世纪 60、70 年代在德国发展出来的这个新的设计观念，在美国得到了突破，进一步推动了基于符号学与语言学的产品设计理论在美国的发展。

同年夏天，美国克兰布鲁克艺术学院的麦科伊教授策划召开了名为"产品设计的形态与功能的新意义"产品语意学讨论会。克兰布鲁克艺术学院是美国最早在课程中研究产品语意观念的机构之一。设计师麦科伊夫妇成功地和学生发展出一系列应用产品语意学的典范设计，其中最为著名的作品就是学生丽萨·克诺（Lisa Krohn）赢得"芬兰造型大奖"的被称为"电话簿"的电话机设计。在她的设计中，接续了处理书本的传统方式——翻，每一页都包含一项实用指南，硬件和软件相互配合，使初学使用者也能轻松使用。该设计展示了在电子产品中利用产品语意学可拓展何种设计潜能。

麦科伊将此理论观念视为"解释的设计"，其核心更接近于产品语言学，适合于既定功能和文脉的任何设计，可以覆盖更为宽广的文化、艺术设计领域。

在此影响下，1985 年在荷兰举办了全球性的产品语意研讨会。飞利浦公司在布莱希（Blaich）的领导下以其"造型传达设计策略——富有表现力的形式"的理念而获得巨大成功。"滚轮"收音机上市不久，就售出超过50 万台。在有关专题研讨会上展现了产品语意理论的具体应用成果。由此

《工业设计：产品造型的历史．理论与实务》（胡佑宗译，1996 版）（左图）；《设计的文化基础——设计·符号·沟通》（右图）

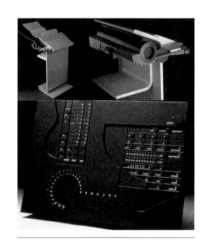

打印机原型，将纸张的流动感表现出来（Elaine 设计）（上图）；立体收音机，使用音乐符号和传统的乐器来诠释电子乐器的天性（Robert Nakata 设计）（下图）

开始，产品语意学经由研讨会、出版物和新的产品路线传遍欧洲，此后逐渐形成遍及世界的设计潮流。

1989 年夏，芬兰赫尔辛基工业艺术大学举办了国际产品语意学讲习班。产品语意学由此被在欧洲的许多院校积极推广。

从 20 世纪 90 年代开始，《工业设计——产品造型的历史、理论及实务》（布尔德克，1991）和德国《Form》杂志（1997 年）再度以产品语言为主题，对产品的表现形式与诠释意义进行探讨。产品语意学也开始扩展到更多的设计领域，包括界面设计、人机因素研究、地域文化研究等，将设计因素深入至人的心理、精神层面，在亚洲的日、韩等国也有学者结合"感性工学"加以研究。

90 年代后期，中国台湾出版的《设计的文化基础——设计·符号·沟通》（杨裕富，1998）一书，梳理了近现代语言学、符号学的发展与设计的关系，特别提出了设计文化符码的建构模式和解读方法，把文化符码分为策略层、意义层和技术层，为很多设计研究所参考和引用。

轨道图像终端机与电话研究案，Siemens Design Studio（Jurgen Hitzler 等设计，1986）

在国内，无锡轻工大学（现江南大学）刘观庆教授早在 20 世纪 90 年代东京造型大学研修期间，就作过产品语意学的专题探索，从古代音乐故事"高山流水"中提取造型要素，进行激光唱机产品的设计，试图展现中国传统音乐的文化内涵。1994 年上半年，他率先在该校工业设计教学中尝试产品语意学设计，发表的相关课程成果给人以面目一新的感觉。

2000 年后，国内较为系统地探讨设计符号、产品语意的著作及教材也相继出版，包括《设计符号与产品语意》（胡飞、杨瑞，2003）、《设计符号学》（张宪荣，2004）、《产品的语意》（张凌浩，2005，第一版）、《工业设计符号基础》（胡飞，2007）、《视觉的诗学——平面设计的符号学向度》（海军，2007）、《符号学产品设计方法》（张凌浩，2011）等，从各自的专业角度，对符号学理论的认识、设计语言分析与设计创新方法及实践进行了集中探讨。目前，设计学科的发展需要在符号语境、交互界面、跨文化符号等方面进一步推进该理论的发展与应用。

　　总之，在今天的设计学领域中，由于众多符号学者、设计理论家和设计师的不懈探索，符号、意义等词已不再为人们所陌生，产品语意学及设计符号学的理论及观点也将进一步推动设计创新方法的研究，并将在设计教学与设计实务中得到越来越多的关注与应用。

个人电视机，Peter Stathis 设计，美国克兰布鲁克艺术学院

无锡轻工大学（现江南大学）课程作业"CD机设计"（1994）。"鸣虫"，谭杉（中上）；"朗"，林友（右上）；"越风"，马西越（中下）；"古琴"，傅炯（右下）

产品语意学的价值与意义

一、认识哲学的转向，设计从物的本身转向对设计中意义与关系的关注

现代认识论哲学向现代语言学、符号学的转向，在某种意义上也是从主体性哲学向主体间性哲学的转向。由笛卡儿（Descartes）和康德（Kant）建立起来的"主体性哲学"影响下的近代理性主义思潮，是一种建立在"主客维度"的哲学，体现为一种人类对宇宙全面的支配与控制的工具主义和技术主义思潮，表现在建筑和产品设计领域即是现代主义中的"功能主义"和"纯净主义"，其忽视了产品与人、文化和历史间丰富而复杂的关系。

第二次世界大战后，特别是工业化以来近现代科技突飞猛进的发展，使得社会发展日趋陷入困境，社会经济、环境、文化等各方面产生很多矛盾。此时，建立在"主体间维度"的主体间性哲学的提出正是对这些特定社会历史境遇的深刻反思。其中包括胡塞尔（E. Edmund Husserl）的现象学、维特根斯坦（Wittgenstein）的分析哲学，以及之后的索绪尔的语言学、德里达（Derrida）的后结构主义哲学。这些哲学认为人和自我之外的一切

诺基亚 N-GAGE 的设计，注重探索移动游戏的社会各方面

不再是主客对立，而是被理解为平等的主体间的关系。这种从主客体关系的"主体性"思维方式向多元"主体间性"思维方式的转换，在从哲学层面思考社会所面临的历史危机的同时，也影响了建筑与产品等设计领域的理论和观念的发展。

具体就产品设计而言，这些同样促使我们通过语意学、符号学这个认识平台，来重新审视人与产品之间的关系，思考"意义"、"关系"在设计物的形成与创新中的地位与作用。重点关注：

1. 世界重要的不是设计物本身，而是"之间"的联系，而设计物只是这些"人—物—环境—社会—文化"联系中的具体节点；

2. 真正应被多关注的东西不是产品的使用功能，而是产品与自身以外的人、物（其他产品）、环境与社会文化等之间的关系；

3. 产品作为一种符号，对它的意义思考应多扩及到人的行为和社会文化的关系层面，关注"人—物—环境—社会—文化"中形成的多重意义联结。

例如获 2013 年 IDEA 设计大奖的火山系列加湿器，优雅而时尚，从顶部加入水，打开开关，水汽便从"火山口"缓慢喷发而出，再配上红色的 LED 氛围光渲染，仿佛真的开启了一座火山一样；此外，通过不同颜色或者纹理代表了世界各地的火山，比如黑色的济州岛、粉白相间的富士山、黄色的黄石公园。其虽具有一般的加湿功能，也有美学的表象，但其身上还营造出了多重的意义联系：家居环境的联系、自然情境的情感需求、地方特征的联系，以及东方禅意的美学意识。

火山系列加湿器（Volcano Series Humidifier），韩国 Dae-hoo Kim 设计，2013 年 IDEA 设计大奖

二、消费社会，产品设计创新的背景与对象日益复杂

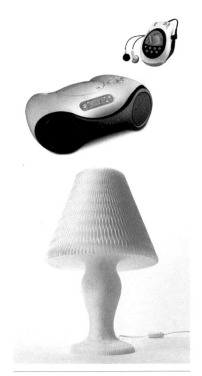

消费社会个性化的设计更多地体现了特色、感性、时尚等消费者的复杂需求。SONY运动系列的音响产品（上图）；Honeycomb Lamp蜂窝灯（下图）

在以密斯的建筑作品为代表的现代主义建筑中所显示出的简洁性是在排除了许多重要的因素后得出的。在他看来，社会需求、生活经验是多样的复杂的和矛盾的，人们的观念也正向着复杂多样转变。

——文丘里

当代后工业社会中，消费已取代生产成为社会生活的主导动力和目标。一方面，消费市场正以超乎想象的速度和方式在屡屡变换和频繁升级；另一方面，消费特征正从消费群对单一产品功能的使用逐渐向新的消费模式演变——即相关的情感、意义与生活方式的消费等，特别是对于个性化需求的追求。例如近年来流行的设计主题，无论"混搭"（2005）、"乐活"（2006）还是现在的"体验"或"社交"，所展现的不仅是一种设计风格，更是一种对于消费者的意义的创造。

同时，科技的不断发展使得满足众多的个性化需求的商品成为现实。在内部结构或功能大体一致的情形下，泛产品语言的设计成为个性化的重要始发领域和社会关注的热点。借着信息时代的到来，个性化需求在后工业时代搭建的平台上，唤醒了产品语言表现力的巨大潜能——设计的个性化、多样化与诗化。此外，信息时代的技术使得传媒的信息传播能力得以提升，建筑或产品表面所展示的类"图像式"的语言得到重视，日益成为媒体传播的主导，逐渐形成了"扬表抑内"的潜规则[1]。

以消费者为中心导向的时代，消费者对物质产品已不满足于拥有，而是在人与物的关系中注重人的存在，强调以人为本，使物成为人存在价值的一种证明。这意味着消费者对产品的消费已经从功能与形式的简单满足转变为对产品意义的心理满足，是一种追求感性意义和价值的"符号消费"，消费因而变成一个"愉悦"的过程。可以说，意义已经成为比产品功能、形式本身更重要的因素，所以，设计师应多关注功能价值以外的个性、符号价值

1 陈志毅. 表皮，在解构中觉醒 [J]. 建筑师，2004（110）.

乃至精神价值，注重情感的诉求。

当今信息社会中，设计重点正在进一步转向符号化或"非物质性"，即从物的设计向非物的设计转变，从一个强调形式和功能的技术文化转向一个非物质的和多元再现的人文文化 [1]。因此，基于消费文化的背景，产品设计创新的方法与视角，必须使设计研究从产品的研究进入对产品与人及社会文化组成的网络化关系的研究，借助符号学的理论重新揭示内在与外在的关系，既注重设计的主体精神，又强调差异性和心理、社会与文化的脉络的重要性，而不应是产品外在的风格或"样式"的简单重复。

富士 X100 数码轴机，沿用 20 世纪六七十年代大行其道的旁轴胶片相机外观，满足消费者的复古情怀

无论"混搭"（2005）还是"乐活"（2006），它们所展现的不仅是一种设计风格，更是一种生活方式、消费观念的创造

B&O 的随身音乐产品

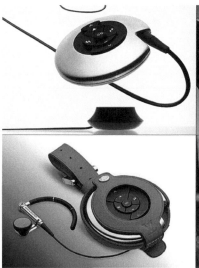

1 ［法］马克·第亚尼. 非物质社会——后工业世界的设计、文化与技术 [M]. 滕守尧译. 成都：四川人民出版社，1998.

三、文化更新，可持续发展的多元设计生态亟须构建

贝聿铭设计的苏州博物馆新馆，较好体现了"中而新，苏而新"的文化特点

皮亚诺设计的吉巴欧文化中心

众所周知，设计在现代化的进程中呈现两种不同的态势，即全球化的趋同和多元化的求异。在设计领域，全球化的一个典型与集中的表现就是今天设计技术、文化的国际化和建筑、空间或产品美学风格的趋同现象。世界各地区的地域固有文化也在逐渐消失。随着全球化在世界范围的展开，以及后续的民族文化的觉醒与民族自信心的增强，世界文化与地域文化（民族文化、传统文化）这两个既相互矛盾又相互联系的文化的交织与冲突，使今天的世界设计文化景观变得日益错综复杂，令许多设计师感到前所未有的迷茫。无论是符号学、语言学还是文化人类学在设计中的广泛探索，其实都是在重新反省与探讨新的设计文化观。

产品不仅仅是实用的物的符号，也是文化符号。产品的设计不仅揭示了设计的工具性，也揭示了设计的文化性，其内核是文化的传承与发展，因此它承担着连接传统文化与现代文化、全球化与地域化的责任并发挥构建作用。也就是说具有创新意义的产品设计，可能强化、支持或甚至启动社会文化的发展与转变，形塑我们新的文化。因此，当代产品设计也应与建筑一样，重视"之间"——传统与现代、地域与全球之间，关注文化的空间性和时间性上的折中、融合和创新演进，推动产生丰富的多样性。

例如皮亚诺（Piano）的吉巴欧文化中心，在功能上已超越了遮风避雨的气候调节作用，在表达了其对当地历史和建筑文化的崇拜的同时，也表达了希望融入自然、融入宇宙，并且与根深蒂固的传统文化和谐相处。他认为

艺术往往要借鉴已有的价值，建筑也不能无视历史、传统和语境；但他在设计中最担心的又是坠入对地方民俗的简单模仿和媚俗之中，他所追求的是在地区文化和现代化、全球性和地方性之间的平衡。又如贝聿铭设计的苏州博物馆。

各具地域特色的国际大城市地铁内部设计

产品设计虽不及建筑的影响深远，但其也在发挥着同样的作用，明显的例子就是近年来芬兰、日本、韩国等优秀产品，或一贯注重自然的简朴，或尊重传统文化性格的延续，都表现了对于文化发展的特定思考——在传统、本土文化与现代技术、文明的交汇中平衡发展。

符号学、语意学视野下的设计创新，作为不断动态创造新文化的行为，在"全球化"语境中体现为各种文化符号的互动、重组、融合、延续与更新相结合的过程，将为上述问题提供新的思考和设计解决的可能性——重新探求产品的文化意义或产品发展与人类使用产品的历史，赋予产品功能性以外的人文价值，其中包括了尊重人类的情感、地域文化特征与人类对国际社会文化"新主题"的共同关注。其目标方向必然是一个可持续发展的、多元的设计文化生态。

KENZO 游牧民族系列，作为具有浓厚民族风的顶级时尚品牌，真实而深入地面向世界，加强不同文化的交流，将色彩和印染完美地融合起来。

四、当代产品设计理论与实践，应重视语意学"意义创新"的方法研究

设计创新的研究与实践发展到一定阶段，设计知识的垂直（学科内部）和水平（各学科之间）发展传播融合就变得日益重要，而符号学理论本身和其不断外延与内涵的拓展，使其成为跨学科研究的较好平台。李幼蒸教授指出，符号学活跃于所有学科并推动它们的发展，从而为跨学科

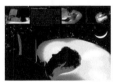

设计的形式成为各种设计观念和思想的创造性表达。美国《I.D.》杂志 3/4 月刊的封面（上图）；大阪国际竞赛获奖作品，提醒与阅读照明的枕头，注重光在生活中积极作用（下图）

研究提供了理论基础。因此，当语意学理论与产品设计相遇后，各种设计的观念、概念与方法在语意学的视野下形成很多新的交叉探索，成为设计研究的热点。

值得关注的是，语意学的设计不仅需要将其用于如何认识产品符号或语言，也需要其指导创新设计过程和具体应用的方法论的探索，即"如何设计"的关键问题。从 Alessi、Kartell、Bang & Olufse 等案例中，许多企业日益认识到，产品的意义不仅仅是营销与传播的事，创造意义的应是设计流程的主题，维甘提（Roberto Verganti）教授则明确指出，设计力创新的概念，即在创造意义的激进式创新[1]。而如何实现意义的激进创新的过程与方法是其中的关键，即如何善用关键诠释者的知识，通过倾听、诠释、诉说而赋予产品新的意义，这与以使用者为中心的"设计思考"有所差异。此外，如何激发意义的创新力在具体产品设计领域的应用与拓展的途径同样也是关注的重点。这些都有助于避免以下现象：即目前的工业设计、艺术设计看似五彩纷呈，实则不是对西方的风格亦步亦趋，就是充斥着符号创造的盲动，或者是固守传统符号误读滥用。

因此，无论是消费者意义的新诠释，还是产品新美学的追求，无论是商业品牌下的形象塑造，还是传统文化的再设计，都需要今天语意学与设计创新过程的紧密结合，从宏观、中观到微观上，进一步加强对于语意设计方法的分析、归纳和应用。相信，立足传统、关注当代、强调符号的精神内涵与形式创新的语意学设计方法，将会为产品设计的发展提供重要的支持，推动形成其时代性的中国设计观。

1 [意]罗伯托·维甘提.设计力创新[M].台北：马可孛罗文化，2011.

展望：一种创造性设计的新视野

今天的设计不再是以功能和形式作为追求的唯一目标，而是更加注重创造新的文化、新的传统与新的关系的设计。最近几年，国际及亚洲很多设计会议都在重新探讨"工业设计定义"、"设计价值观"、"工业设计师任务"等名词，这些名词都被赋予了新时代的含义。例如在 2001 年《韩国首尔工业设计师宣言》中就提到"任务"：

1.工业设计应该寻求人和人工环境之间的正面积极交流，将"为什么"的重要性放在"如何"这个结论性回答之前。

2.工业设计应当通过在"主体"和"客体"之间寻求和谐，在人与人、人与物、人与自然以及心灵和身体之间营造成熟、平等和全面的关系。

3.工业设计应当鼓励人们通过连接"可见"与"不可见"的事物，来体验生活的深度与多样性。

4.工业设计应当是一个开放的概念，灵活地适应现在和未来的社会需求。

可见，对于设计的认识已不再停留在"从单纯意义上赋予产品形状和颜色"或"能增进产品美学与实用性的应用艺术"，而是"使人们重新发现隐藏在日常存在背后更深层的价值和含义并以之来推广一种生活"；应当在尊重文化多样性的同时，提升跨文化间的设计对话交流，为"多文化共存"作出贡献。

产品语意学以往更多的是具有实用主义的特征，从《创新》杂志 1984 年春季刊中可以看到，一开始是由于遇到实际需求，例如人机工程环境、设计规范等，设计师才开始将语意考虑在内；同时，也有的是出于对产品的形式赋予设计美学的关注，希望再延续"流线型"时代的伟大设计。而今天的

大阪国际设计竞赛的主题，反映对设计视野的新的思考

伊莱克斯 2005 年竞赛获奖作品

Hwa-Seok，利用电磁波加热的 flaming stone
（火石）来烧制食物

设计课题，已不单是功能使用或形式上的困扰，创造更有意义的产品、建立新的情境或者至少能提供解释设计的语意模型，正日益变得重要。即当前问题不再是这些产品是如何制造的，而是这些产品对消费者意味着什么；相关的生活潮流、情感或象征的意义必须作为背景在设计中得到阐明。以苹果 iPhone 手机为例，与其说是手机娱乐性的重新设计，还不如说是个人娱乐世界与个性参与价值在手机载体中的最丰富展现。

1985 年前后，克里彭多夫前瞻性地提出产品语意学应包括以下三种模式：第一，语言模式，研究概念的意义；第二，沟通模式，作为传讯者的设计师和作为收讯者的用户如何建立沟通，发生作用；第三，文化模式，有关象征意义的研究。这些观点是对现代设计发展思考的极佳预见和回应。无论在设计还是研究中，今天的语意学已经是设计的关键主题。因此，我们有必要以产品语意学的视角重新思考设计的观念、概念、过程及方法，从而引发我们扩展视野，思考如何面对 21 世纪工业设计的新挑战。

界面与互动研究，俄亥俄州立大学设计系与 Whirlpool 公司合作设计开发概念微波炉，Wayne C. Chung，《创新》1998 年秋季刊

第二讲　产品符号：另一种语言表达

符号学理论的基本概念与发展

一、符号的基本概念

产品语意学的理论基础主要来自符号学，因此，了解符号学及相关理论的概念、观点和发展，将有助于较好地理解产品语意学的定义、理论框架和后续在设计上的应用。

符号（symbol）一词，来自希腊字 Symballein，意思是把两件事物并置在一起作出瞬间比较。其具体含义指某种用来代替或再现另一件事物的事物，尤其是指那些被用来代替或再现某种抽象的事物或概念的事物。一般可简要地理解为一种有意义的媒介物。人们日常的交际过程，就是通过符号这一手段，进行交往、表达和传递信息。因此，符号是我们一切交往的起点，也是社会的本质。

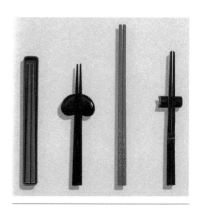

生活日用的筷子（《Asia Form》，2004）

清光绪年间的竹提篮（《中国篮篓》，菲尔德自然史博物馆出版，1925）

传统竹编茶壶箱，有金属把手和锁

荷兰5欧元纪念币，符号主题是"荷兰与建筑"

符号作为一种具有表意功能的表达手段，是为了人们生存、交流而产生发展起来的。自古以来，人类在长期生产实践中由于生存的需要，总在不断地寻求各种观念、情感和信息的交流和表达形式。由于受到环境的影响及相互交流的作用，人们创造了一系列传播信息的手段，包括相互接触中的手势、表情、肢体动作、标记、语言、早期的建筑等，例如工具即代表了某种生产或使用的用途。到后来出于精神生活及祭祀活动的需要，又发展出了原始的绘画、纹样、音乐等艺术形式。其中，对形态、色彩、材质等形成了特定的认识，这些认识逐渐具有了广泛意义，结成特定的设计艺术符号。

应该说，符号在我们的生活中无处不在，语言、绘画、音乐、文字、产品、建筑，甚至于各种人们的衣、食、住、行、吃、喝、玩、乐的生活形态和活动等，都可以归到符号的范畴，因为它们都是借助符号传承交流知识的各种概念。因此，从广义的符号概念来看，现实世界中的每一个事物都反映在人的精神世界中，都可能被符号化，这是普遍存在、时时存在、事事存在的。所以卡西尔（Cassirer）认为，人是"符号的动物"，人都生活在纵横交错的符号之网中。从设计领域看，我们的产品（或物品），作为与衣食住行有关的设计造物，同样也是表达特定的意义的符号，而且世界上每一种文化也都与日常生活所见、所用的产品符号及其意义密切相关，得以构成清晰的图景，并使人类探索世界成为可能。

二、现代符号学理论的发展

关于符号学的历史可以追溯到古代。最早一本有关符号的著作是古希腊医学家希波克拉底（Hippocrates）的《论预后诊断》，之后，进一步发

一个符号，或者说象征（Representation）是某人用来从某一方面或关系上代表某物的某种东西。

《皮尔斯文集》第2卷

展出了一门医疗的症候学，即用在根据症状对疾病进行诊断与预测的范围。此后，柏拉图（Plato）确立了符号、符号的意义及其表明的事物之间的关系（19世纪才又由皮尔斯着手研究）。亚里士多德（Aristotle）在柏拉图的思考基础上，应用了包括"符号理论"、"符号艺术"等各种符号学概念。中世纪进一步发展出了符号科学，包括文法、逻辑及修辞学。后续还有进一步零星的发展，例如莱布尼兹（Leibniz）方法学的研究，导致了后来符号学的三个重要分支[1]。

中国古代虽然不直接探讨符号，但有关符号的思想却十分丰富，体现了对客观世界理性的认识和概念化的过程。例如《易传·系辞》中"古者苞牺氏之王天下也，仰者观象于天，俯则观象于地，观鸟兽之文与地之宜，近取诸身，远取诸物……"其中"观物取象"，便是指符号创制的最初过程。老子的论述里也谈到了名与实的关系。后期庄子"象罔"说中的"言者所以在意，得意而忘言"、王弼的"尽意莫若象，尽象莫若言"说、刘勰的"意象"说、刘禹锡的"境生于象外"说……实际都是符号学思想的精彩阐述，都探讨了符号表征物与所代表内容之间的关系。

现代符号学的发展主要受到两条主线的影响：一是源自由语言学派生而来的语言符号学，着重于符号在社会生活中的意义，与心理学联系；另一是当前意义下的符号学，它源自美国实用主义的逻辑符号学，着重于符号的逻辑意义，与逻辑学联系。由于现代符号学与现代语言学在内容、理论依据和应用上有许多相关性，现代语言学成为现代符号学的主要来源和基础。

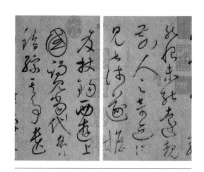

怀素《自叙帖》通篇狂草，一气呵成，如龙蛇竞走、激电奔雷，为草书艺术的极致表现

软屉开光形方凳，文人弹琴、作画时使用。其器形方正，开光空灵，17-18世纪（明轩藏）

让我们能够使一个人区别符号，使他清楚地解释是什么组成了符号，使他知道它们之间如何联结并通过哪些规则联结的知识和技巧的总和称之为：符号学。

——米歇尔·福柯

---

1 ［德］Bernhard E. Burdek. 工业设计：产品造型的历史·理论与实务 [M]. 胡佑宗译. 台北：亚太图书出版社，1996：152.

1. 索绪尔（1857-1913）

索绪尔正式提出了符号学的概念，在《普通语言学教程》中对符号学理论作了许多精辟的论述，特别是在关于符号的组成及相互间的关系方面。它虽然是在语言学基础上较多地讨论语言符号，但对于其他符号系统颇具启示意义，其中许多内容在今天看来仍具有重大意义。

● 符号的组成要素：能指和所指

在符号系统中，他认为符号的存在取决于"能指"和"所指"的结合，"能指"（signifier）是指符号的形式，如文字或产品形态，是表现；"所指"（signified）则可理解为符号所代表的意义，也就是思想观念、文化内涵、象征意义等。符号还有任意性，即符号形式与所代表的意义之间并非是必然联系的，而是由社会集体的约定俗成所决定的（突破这一约束则无法传达正确的含义），设计中象征符号亦是如此。

● 语言符号的句段关系和联想关系

句段关系是指构成句子的每个语言符号间不可变的排列方式，彼此存在的位置关系。联想关系则是指语言符号本身所具有的共同点所构成的联想关系，与"不在场"的众多符号形成可替换的关联。如把产品作为符号的话，句段关系即是组成要素的组合关系。

● 语言的共时态和语言的历时态

语言的共时态是指一个语言在一段时间内的状态，是一个现实平面上的系统，要素之间是并存、相对的关系，其研究关注的是语言本身。语言的历时态是指语言状态在时间前进的轴线上所表现出来的形态，要素之间则只是变革、替代的变化，其研究考察的是语言的变迁。两者之间既相互独立又相互联系，既相互对立又相互依存。对产品而言，历时性指跨越不同历史时

莱卡 T 无反相机及其各种组件，体现了索绪尔的句段关系和联想关系

期的、变化发展的符号形式，共时态则指某一特定状态中的产品形式，为人们所共享的。

2. 皮尔斯（1839-1914）

皮尔斯的理论是建立在对意义、表达及符号概念分析的哲学基础上的，被认为是实用主义学派的创始人，对符号学给予了确切定义，对符号学的种类进行了划分和描述。他将逻辑看作是"关于符号的一般必然规律的科学"，即符号学可被视为广义逻辑学的代名词。他侧重于符号自身逻辑结构的研究；也认为任何事物只要它独立存在，并与另一事物有联系，而且可以被解释，那么它的功能就是符号。

他在 1867 年出版的著作《符号学的逻辑》一书中，第一次提出了符号学的中心概念——三合一关系。他强调符号的联系特性，具体来说，即符号只存在于对象与阐释之间的关系。任何一个符号都由三种要素组成：符号、指涉对象、解释。并提出了符号有三种核心类别，即图像符号（icon）、指示符号（index）和象征符号（symbol）。

由此，人们已逐渐清楚地认识到符号学对设计的重要性。设计师在设计时不仅是创造了实在的物体，而且不管有意或无意，也发展了非物质性的意义、象征、文化。因此对设计过程重要的是，设计师不能只应用个人的符号；他所应用到的符号，应该也能被所针对的阐述者（产品使用者）所理解。因此，个人化的手法或设计风格会带来产品语言的丰富呈现，但它们必须以沟通为前提。

3. 莫里斯（1901-1979）

莫里斯是美国最突出的符号学代表人物，1938 年出版了纲领性的著作《符号理论基础》，曾为符号理论的系统化作出了重大贡献。他把符号学分

苹果 iPod 的图像符号表达出特定的意义

瑞士的消火栓，兼顾设计的个性和可理解性

符号，即用来表现一定事物的媒介；指涉对象，指符号所代表的具体对象；阐释，解释者对符号的说明或理解。这三者构成完整的关系。

为语构学、语意学和语用学三部分（主要针对语言符号），已为学术界所广泛采用，也被设计符号学理论所参考。

● 语构学研究符号本身在整个符号系统中的相互关系和规律，与意义无关，也被称为符号关系学。在设计中，主要探讨符号在设计物系统中的组织结构、形式关系。

● 语意学研究符号与符号所代表的概念或物的关系，即研究能指如何表达所指，也被称为符号意义学。在设计中，主要是对出现的各种形式符号的表达意义的研究。

● 语用学研究的是符号与人的关系，人们对符号的理解与运用的规律，也被称为符号实用学。在设计中，重点探讨产品作为一种符号，它的起源、使用与作用，与阐释者（设计师）、使用者及社会情境的关系。

莫里斯的理论是对皮尔斯理论的发展和深入，且较之更为系统和全面，更广泛地影响了后来的设计艺术学科理论的认识和发展。

莫里斯 〈语意学—语构学—语用学〉

4. 卡西尔（1874-1945）

德国哲学家卡西尔在《符号形式哲学》中试图建立起一个与传统的形而上学不同的符号学体系。他认为：人是符号的动物；符号化的思维和符号化的行为是人类生活中最富有代表性的特征，并且人类文化的全部发展都依赖于这些条件。人类精神文化的所有具体形式——语言、神话、宗教、艺术、科学、历史、哲学等，都具有符号形式的性质；人的本质即是能利用符号去创造文化。人、符号、文化是卡西尔符号哲学的三要素。他对符号学的主要观点包括：人类有别于动物的根本点在于人具有符号化能力；要真正理解任何一个符号系统，必须同时与其他符号系统进行比较。

人类精神文化符号。巴塞罗那圣家族大教堂（左图）、荷兰国立博物馆的代尔夫特瓷器艺术品（右图）

5. 苏珊·朗格（1895-1982）

苏珊·朗格（Susan Langer）师承卡西尔，为符号学美学——文艺符号学奠定了基础，主要著作包括《情感与形式》等。她认为艺术是表达人类情感的符号形式，进一步论证了形式与情感的统一关系；在审美和艺术中，形式具有表现性，艺术特征正在于它是一种"表现性形式"，也就是"有意味的形式"，甚至认为，"有意味的形式乃是每种艺术的精髓本质"。苏珊·朗格在深入分析审美经验的基础上，还提出艺术符号具有抽象性、不可言说性、情感性、形象性等特点，并对艺术的符号特征作出了多方面的考察，为审美心理学和文艺心理学提供了许多启发。

静止的生命，Martin Kilmas 的摄影

6. 马克斯·本泽（1910-1990）

马克斯·本泽较早研究皮尔斯和莫里斯著作并作了进一步的发展，试图运用其理论对美学问题概念化。通过其在斯图加特大学和乌尔姆设计学院（第一所尝试设计符号学的院校）的教学和研究，他发起了信息、产品设计和视觉传达领域的符号学研究。

乌尔姆设计学院符号学及相关理论影响下的收音机、视听设备等设计，德国博朗公司（Braun）

罗兰·巴特在《符号学要义》的书中指出，绘画、姿势、音乐、声响、物体和所有这些复杂的联系，它们构成了仪式的内容，约定的内容或公共娱乐的内容，这些如果不是构成语言的话，至少构成了词义的系统。

路易威登 Christopher 小号双肩包，以特有的消费符号建立差异，彰显高品质生活方式

流行服装的符号学分析

在 20 世纪后半期，马克斯·本泽通过其大量的符号学著作在设计创造的讨论中发挥了较为持久的影响。《广义符号学及其在设计中的应用》一书探讨了信息理论、符号学和美学之间的关系。他认为应用于语言文字的符号学，对实物也有用。他将设计物体分为三个层面：质料层面，指物体构成的材料；语意层面，指物体代表的意义；机能层面，指物体所涉的效益和功用，分别对应莫里斯提出的语构学、语意学和语用学。

7. 让·鲍德里亚（1929-2007）

鲍德里亚可被看作是真正设计符号基础理论的奠基者。他将结构主义的方法应用于对日常生活的分析，他研究物品的语言，并解释政治经济学方面的真相。他认为，消费是一种操纵符号的系统行为；消费不是一般意义上的物质实践，物品并不是我们的"消费"对象，它们充其量只是需求的对象和满足这些需求的对象。

他在《消费社会》（1970）一书中全力揭示消费社会和传播的新神话，第一次指出商品的重要性首先在于社会能指（超现实）而不是物质客体（现实），社会关系亦转变为与物品尤其是与那些物品的消费之间的关系。他也提出，符号的意义在于建立差异，以此将符号所代表的东西区分开来。这些对广告具有启示意义。

8. 罗兰·巴特（1915-1980）

罗兰·巴特是法国当代杰出的思想家和语言学家。他从语言学到符号学的论述方式，提出了符号学的四对概念：语言和言语、能指和所指、组合与系统、内涵与外延。

他也将时尚流行划分为三种符号系统：第一是实物本体系统，包含了样式、线条、色彩、技术结构和表面肌理等特征，具有三维的空间实体；第二是图像系统，作为实物的映像，一般以摄影、绘图的二维形式呈现，其结构也是形体上的；第三是书写系统，作为对实物和映像的描述，其结构是文字上的。

他并用符号学的分析方法揭示了流行服装在实物服装、图像服装、书写服装三者之间的转换关系：第一种是从真实到意象，即实物服装的使用功能转向图像的表现功能；第二种是从真实到语言，即从实物的形象转向实物的文本叙述；第三种是从意象到语言，即从图像到书写，转化为另一种符码的信息传播。

9. 艾柯（1932-）

艾柯在大量论著中致力于文艺符号学、美学、建筑符号学及结构主义等方法的研究。他充分应用了符号学领域的概念进行研究探讨，用符号学的方法分析文化事件。他认为，符号学的方法中，符码实际是一种能解释一定符号的转换规则，通过它能够对某符号进行加密；这样当符号被解码时，其意义便能够被识别。形式只能在一个已掌握的期望及习惯的系统（符码）的基础上，才能表明功能[1]。

他指出，只要作为信息传递的沟通是在符码的基础上发生作用，符号学的领域就存在。形式表达功能仅建立在一个已经掌握的期望和习惯的系统基础上。如果各种产品的符码没有被学习和告知给社会的话，那么人们就无法破译各种设计形式的意义，也就无法实现功能操作。

对设计而言，他特别提出了明示意指（denotation）和内涵意指（connotation）。他出版的《符号学导论》（1972）中的许多章节和观点对

纽约新世贸中心大楼，建筑的外延意指和内涵意指最为丰富

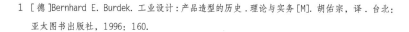

哥特式教堂就是体现建筑意义的最佳例子，它以其独特的结构形式、装饰题材与空间效果充分表达了宗教精神，无数亲身体验者为之感动不已。

---

1 [德]Bernhard E. Burdek. 工业设计：产品造型的历史．理论与实务 [M]. 胡佑宗，译．台北：亚太图书出版社，1996：160.

格罗皮乌斯指出："建筑师是表现人们崇高思想、热情、人性、信仰、宗教的结晶。"这表明作为空间符号的建筑师蕴含极深的情感符号。

现代建筑设计和其他设计都有较好的启示，例如该书中有详尽的一章专门讨论符号学与建筑。

艾柯关于符号沟通的理论观点，真正推进了现代符号学的研究，并进一步将其理论引入设计学领域。如上所述，符号学的发展，首先是语构层面，接下来是语意层面（符号的意义），然后才是对语用层面的关注（可以理解为诠释的层面）。产品环境逐渐的语意化，象征性功能日益成为设计及理论的中心任务，这些都要求设计师更多地关注语用与诠释学的知识。

产品：作为有意义的符号

一、产品符号

产品，作为人工物，是人们为了生存和发展的需要而实践创造出来的。它不仅是一个物质实体，而且也是为了实现某种使用的目的或表达其他意义，因此它从一开始的创造和使用便不可避免地融入了各种观念，并被人们用来实现特定的信息交流和情感表达。

人类的祖先为了生存和发展，选择了天然的石材、木材等作为最原始的工具，这些简单加工过的自然材料成为实现特定使用的物，这时具有了功能（最初的意义），同时还具有"安全、发展"等象征。在他们以后有意识地营造类似的工具时，也就自然具有了"交往传递"的作用。从功能和交流作为设计本质的视角来看，新石器时代留下的原始石器工具与今天进行的有目的的产品设计相比并无根本的区别，他们都是运用符号、设计构思来构建想要的、有意义的人工物符号的设计活动，或者说都是赋予（事物）意义

产品作为人工物，是人们为了生存而逐渐发展起来的，是实现特定功能的物

的活动。

虽然产品与语言符号出发点和叙述并不一致，但都是以形象来表达思想和概念的物质存在。在设计符号诸体系中，产品、建筑属于最复杂、最引起兴趣的一种符号体系。产品同时作用于人的多个感官，包括视觉、听觉、嗅觉、触觉（材料的硬软冷热）等，还有平衡感、运动感和方位感等诸方面。而语言给予人的感官作用则相对单一，只能或听或看。

与语言相比，产品是由简单的符号直接发展成的另一种复杂符号体系，是由线条、体块、色彩等直接结合成的视觉形式，形成由比喻性的与具有节奏韵律的"诗"的语言"结合"成的意象。它的微妙含义通过要素间的复杂关系获得，通过模糊的法则和整体的联系粗略达到，并通过直觉去把握。

从符号学的观点来看，产品的外部造型实际上就是一系列视觉传达的符号能指，点、线、面、体等形态要素就是设计师与审美主体在产品形态信息传递过程中最基本的"语言"材料。产品的形态价值并不在于它的自然质料，而是它的（外部）形式性，即用它来显示某种意义。产品在生产和生活中无疑已经成为人们表达某种意义的符号形式，例如宜兴的紫砂茶具、阿莱西的安娜启瓶器。

产品符号往往通过视觉刺激而产生的视觉经验和视觉联想，来"诉说"和"传达"其形态等包含的产品内容和意义。例如线条的粗细变化表现为动态或静态，形态中直曲的变化表现为硬或软、流畅或笨重，色彩的冷暖表现为各种情感，材料的质感表现为温暖或冷漠等。产品符号不仅在"诉说"相应的美学、功能、材料、工艺、结构等直接的意义，而且它还反映了相应的人群需求、文化背景、特定环境的思考等。因此，

紫砂茶壶、圆凳及饮食器具，无不是赋予特定意义的造物活动，反映特定的需求与文化思考

产品及其使用，作用于人的多种感官和多种感觉

它不仅体现作为客观存在的特征，还受到社会规范、文化特征等多种因素的制约。

应该说，产品的实体是由各种材料以结构的方式建构而成，这些材料在构成产品以前并不带有任何产品含义，意义的生成只有通过设计师的营造工作后才出现，即注入了设计师的思想和情感后，才有真正的含义。在乐音和音乐、颜料和绘画、石头和雕塑之间，也具有同样的特征。因此，产品造型形式的表现受形式表现特征的影响，而这种表现特征又受人的感觉、文化系统制约。

产品造型符号具有一般符号的基本性质。按照皮尔斯的划分模式在构成要素上可以划分为产品符号、产品符号意义、产品符号的解释。它通过对产品使用者的刺激，激发其与自身以往的生活经验或行为体会相关联的某种联想，形成一定的概念及印象。

米兰街头的跑车，其形象以强烈的动感、艳丽的色彩吸引路人

● 产品符号

这可以理解为一个产品的外在表征或物质形式，依据特定的原则而构成，其表现主要指能对人们产生刺激的视觉、触觉直至听觉形象（有时甚至嗅觉也有涉及），是由产品的形态、结构、色彩、肌理、装饰、声音等要素构成的。可以是静态，也可以是动态，是一种存在的特征和认知的表达面。

● 产品符号意义

每个符号都有其所代表的指涉对象和特定意义，也就是指符号所表现出来的内容及其在符号系统中的作用。

产品符号意义一般可以认为是人们对产品实体的理解内容，是人们接受上述刺激后形成的心理概念（Mental concept）及印象，即产品的意义（语意价值）。对它的把握，可以是直觉的，也可以是经验或思考的结果，可引起共鸣、激发情感或产生行为的反应。

● 产品符号的解释

包括产品符号的制造者（设计者）和接受者（使用者）。这两者必须就产品符号拥有大致相同的认识，否则两者之间就无法进行沟通。产品符号的制造者方面对符号的解释如果不能为使用者所理

奥利维蒂（Olivetti）情人（Valentine）便携打字机，索特萨斯（Ettore Sottsass）1969年设计。与古典传统的便携打字机相比，表现出创新和反叛，表明它是一个大众产品。被现代艺术博物馆（纽约）收藏

奥利维蒂视频现实终端，马里奥·贝里尼（Mario Bellini）1966年设计，被现代艺术博物馆（纽约）收藏

产品符号的各种形式表现

产品的能指	表现形式	表现特征	感觉系统
形体	韵律	视觉	
色彩	特征	听觉	
结构	节奏	触觉	
表面	质感	动觉	
材料	其他	其他	
其他			

产品的所指	表现形式	制约因素
美学含义	图像学	
设计构思	美学观念	
功能概念	形态学	
识别特征	地域特征	
生活方式	社会特征	
商业目标	民族个性	
社会文化意义		

参考刘先觉. 现代建筑理论　建筑结合人文科学自然科学与技术科学的新成就. 北京：中国建筑工业出版社，1999：94.

解和接受，那么这种产品符号就是无效的。因此，产品符号的解释性是通过设计师和使用者在各自编码和解码中产生的意义所决定的。

二、产品是一种类语言符号

郎格认为，迄今为止，人类创造出的一种最为先进和最令人震惊的符号设计便是语言，它具有意指、表现与传达的作用。当语言之外的人造物品符号具有这些作用时，可以说它具有类似语言的功能。

产品即是一种类语言的符号，包括建筑、音乐、绘画、电影等在内很多设计艺术符号也都是类语言的符号。产品具有"语词"的表义与表意的作用，两者合而成为产品的意义指向，可以表示某种意义。设计使这种意指作用更加清晰，例如"锯子"是可以锯东西的工具，即是意指的作用。同时，产品也具有表现作用，可以表示设计者的主观构思、设计理念、思想和感情，例如"锯子"的设计也表现了设计者对于易用性、人性关怀的关注。此外，产品还具有传达作用，即指将意指、表现作用的结果传送到收讯者（使用者）的一方去，也就是锯子的功能和意义要为使用者所基本理解，其设计才可以算是成功。

语言是一个可以想象、记忆、描述复杂现实的多层实体。语言没有统一的格式，存在不同的语言，同一语言之间也存在着很多方言和民族语言；同时，每种语言都有规则和用法。此外，每种语言日益分化，为现象的描述提供了更多的可能性。而产品语言也是如此，背景多样，设计表现面貌丰富，为设计意义的表达提供很多的可能性。

产品语言一般包括不同种类的表达形式，例如维度、外形、表面物理

锯子的产品同时具有意指、表现和传达的作用

结构、运动、材质、功能实现手段、颜色、平面设计、声音、味觉、嗅觉、温度、光线、包装和抗外力的能力等。例如 Artemide 品牌的 Metamorfosi 系列灯具，采用半透明外观和极简设计作为语言并不重要，光线都是重点。哈雷机车与众不同的语言除了外形以外，还有引擎的轰鸣。这些产品语言的表达远比普通的口头语言容易理解，例如开关时的情绪感受、内部装饰材料的纹理（工业设计师西奥多·埃林格，1966）。所有这些信息都会对消费者产生强烈的（主观或是客观）作用。同时，产品语言也为消费者提供了识别产品和其语言学层面上事实的机会，而这些识别的意义有理性的，也有非理性和梦境般的。也就是说产品可以拥有多层意义，甚至可能是象征语言。

从语言学的观点看，产品（包括建筑等）是一种意指、表现与传达等类语言作用的综合系统，但在双向沟通及符号系统方面与语言系统有差别。首先，语言符号具有双向沟通交流的功能，而产品、建筑、音乐、绘画与电影等类语言的符号，其主要功能仅止于表达，还没有达到沟通阶段，即它没有在产品设计者和使用者之间实现双向沟通。其次，语言符号有约定

Apple Watch 智能手表，苹果公司 2014 年 9 月推出。其产品语言（色彩、表带）包括多种表达形式

充满象征意味的设计符号，更多出于一种艺术的表达。高迪（Gaudi）雕塑的镜子（左图），以 FIAT500 车头为基础改装设计的家具（右图）

五角大楼纪念地（Pentagon Memorial），由
KBAS Studio 设计，为纪念这 184 位遇难者，
184 条能被照亮的长凳，每一条长凳上雕刻
有遇难者的名字

俗成的语法规则，而在产品中无法找到各造型要素结合时可以参照的固定
符码系统。即使完形心理学（相似、接近、闭合、连续等法则），也还是
离符码系统较远。

　　产品作为一种符号，与建筑类似，都是通过形象和结构的塑造，传达
一定的功能、社会和文化的意义。但并不能说，产品本身可以凝聚各种含义，
即使是特定的纪念性、精神性产品，要表达设计师全部的构思也是比较困难
的。此外，产品不同于文艺作品，不能要求它有更多的意识形态性与设计表
达的自由性。因此，在强调产品符号意义的重要性时，需要注意到：在这些
方面都明显不如语言符号。所以，当产品造型不能完全表达其含义和意境时，
往往需要借助色彩、材料质感、装饰图案、（指示性）文字图形甚至是声、
光的情境等辅助手段来协助点题。

　　所以说，产品符号具有类似语言的功能，但在某些方面还远未达到语
言的水平，因此，它被称为"类语言符号"，常包含此两方面的意思。

家居灯具设计，Ming-TL-02 台灯，明合文
吉设计（左图）
"创意柏林"推出的展览"创意施普雷"中
的灯具设计（右图）

三、有意义的符号

人与人之间的交流是通过语言来沟通的，而物与人之间的沟通则是通过物的形态及功能等来传达的。人们在创造产品功能的同时，也赋予了它一定的造型，而造型可以表现出一定的性格，就如同它从此有了生命力。因此，人们在使用产品的过程中，自然会得到种种信息，产生直观的感受、感觉、情感等生理及心理的反应（即感性与理性认识）。事实上，极具意义和美感的产品常使人的生活更加愉悦，也使工作更加出色。

没有意义的产品在实际世界中是不存在的。对重视精神功能的情感类产品，具体的符号意义比较容易让人理解。但对于一般性的产品，特别是强调以功能主义为主要设计原则的产品，大多是从使用功能、经济、合理等基本点出发，而情感、环境、文化等意义不多或基本没被考虑在内。尽管如此，这些产品也还是反映出其对合理性、易用性、规格化与朴素美学的追求，这其实也是对某种意义的具体体现。

MP 单反相机，莱卡公司，追求功能与易用

正由于产品作为一种符号，可以通过造型传达本身的意义。因此，通过类比、暗喻、寓意等手法（麦科伊，1987），设计师能够建立起自明的、容易理解的与友好的符号表达面，通过它，使用者可以较清楚地了解设计师试图传达给他们的东西——这是什么东西、有什么具体功能、有什么要注意的、背后有什么特殊的意义等。

作为人造物品符号，产品的意义对于不同的主体，其意义的重点也不相同。在沟通传递的过程中，从委托者、设计师、生产者到消费者，相对于不同的主体，产品都被赋予不同的意义，从而成为传递信息、表达意义的符号载体（克里斯彭多夫，1989；黄世辉，1991）：对设计师而言是作品，常

Bernina 缝纫机，以使用功能、经济、合理为基本点，瑞士制造

是设计构思和概念的创意表达；对生产者来说是制品，因为与产品制造过程有关；对消费者意味着商品，对它的选择涉及差异性以及意义的消费；对使用者则是用品，具体关注的是功能发挥和使用的过程。

　　同时，产品所传递的意义涉及广泛，内容深浅程度不一。产品在厂商和消费者之间的移动，实质上也是附载在其中的意义的沟通传递。这种意义可以是操作、性能等与产品本身有关的内容，也可以是品牌、形象、个性、身份等价值，还可能涉及文化、社会、自然等与产品本身分离的象征含义。例如瑞士 Freitag 包，其利用废弃的卡车篷布和其他安全带、内胎等进行再处理并设计而成，其体现的意义除了牢固耐用外，更多是每款独特的生命与历史的呈现。而用同样的全新篷布材料做的包具有一样的使用功能和耐久性，但与 Freitag 相比，因缺乏独特的故事和意义而价格低廉。可见，产品从接受设计开始，就走上了强调主观的"非物质化"的意义的道路，产品因设计而提高了它的存在意义，同时也使它具有某种功能以外的意义。所以说，在如今产品普遍同质化的时代，意义不再是与物品原来的对等关系，而是一种意义领先的关系。

　　因此，符号、载体、意义和传播沟通已成为当代设计的关键词语，产品设计师必须成为使用和创造符号来解释、传播意义的重要角色。

瑞士 Freitag 包，其利用废弃的卡车篷布和其他安全带、内胎等进行再处理并设计而成，其材料使用过的独特的"痕迹"成为其特有的生命感

佩夫斯纳在《建筑类型的历史》一书的结语上写道："任何建筑物在观者印象中都会产生一种联想，不管建筑师是有意图的或是无意图的。"同时还指出："现代建筑不存在任何与意义的分离，它向人民传递着简洁、精密和新技术等含义。"这是对现代建筑最好的解释。

产品的意义对于不同的主体，其意义的重点也不相同

构成与运作

一、三个面向

莫里斯在符号学研究中提出符号学由语构学、语意学和语用学三部分组成，这些理论框架也对设计符号学的研究提供了启示。黄世辉（中国台湾）等学者参照上述理论提出了设计符号学体系的组成，其符号学体系也应同样由设计语构学、设计语意学和设计语用学所构成。

设计语构学主要研究设计符号的结合法则、构成材料、符号自身和其他的关系等。研究在"语法"组合规则和转换规则的指导下，产品的元素、部件如何组织构成具体的设计符号形式，即如何构成一个产品。例如一个手机的设计即是由按键、控制键、显示屏、听孔、通话孔、各类插孔、背部外壳等部件组成，还包括标志、文字、装饰性图案等，按照设计目的和设计师的构思，在一定转换组织规则指导下所形成的特定符号。

设计语意学研究的是设计符号所代表的内容和意义，是对出现的各种形式符号的表达意义的研究，其中包括明示义和暗示义。它主要涉及设计符号与设计意义之间的关系。语意学在现代设计中被关注较多，常被视为该理论的中心所在，因而是认识设计符号的重要途径。

设计语用学研究的是设计符号与设计师、使用者之间的关系，符号与使用过程之间的关系，包括设计符号的起源、使用与作用。具体涉及设计产品者的心理、使用产品者的理解反应、符号信息如何被人"接受"和"译码"、符号发生与使用的社会文化情境等许多与符号应用过程相关的方面。由于语用学涉及人的反映，因此，在不同时代、不同对象、不同国度对同一设计符

保时捷设计（Porsche Design）的黑莓P'9981智能手机，具有永恒的现代外观和精炼的表面处理

透明的椅子、Smart小汽车在不同地区会有不同的反映和接受度

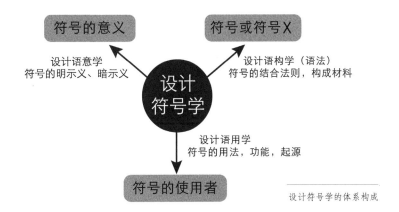

设计符号学的体系构成

号会产生不同的反映，不同的评价。可见，在上述三者中，语用学是其中最具特色的，也是最复杂的。

　　20世纪60年代玻璃幕墙成为美国办公楼的代表即是语用学的案例。密斯在20年代就开始构思玻璃幕墙，之后开始尝试应用在各类建筑上，然而很难得到人们的肯定，幕墙也很难与某些特定的建筑建立起稳定的联系。进入60年代，美国的资本主义经济飞速发展，急需寻求一种与以往不同的新的建筑形象，而幕墙符号所表现出的秩序、精确、高科技感与新经济的特征非常吻合，因此在办公大楼、商贸中心中得到习惯性的应用，无论对设计师还是客户都是这样。从中可以看到，尽管语构和语意都有较好的确定，但使用背景和社会需要方面的因素极大地影响着符号的大量使用，这正是语用学所要研究的。又如斯塔克设计的幽灵椅，同样也要从欧洲古典与现代艺术环境背景中，才能体会到它的流行与完美融合。

　　设计语构学、设计语意学和设计语用学作为构成的三个部分，也具有包含的关联与彼此包容的关系。首先，第一层次是符号自身，即设计的语构学，它体现的是如何构成设计符号，因此它是单一的，也是最基础的部分。

北京国贸大厦的玻璃幕墙

第二层次是符号的能指与所指，即设计的语意学，它反映的是设计符号与背后所反映内容之间的关系，因此，它是一种双重关系。第三层次是符号的解释，即设计的语用学，包括符号与解释的主体及符号所代表的内容，这是一种三重关系，也是最深的层次，即符号的全部。因此，设计语用学是整体，设计语意学是其中的一个部分，而设计语构学又是语意学的一部分。例如沙发椅柔软材料的设计组织（即语构）表现出舒适的语意，而这些一起形成了最终的语用（即吸引人去放松地躺坐）。

　　同时，我们也应注意到，这三者在符号系统中是相互影响、相互制约的。同样的组成部件和元素，若设计的语法规则发生改变，就会随之形成新的符号，相应地所反映出来的意义也会发生变化，对符号的理解和应用也会不同。瑞士 HGKZ 大学的学生设计了一种类似方便面的材料结构：同一材料，如果尺度较小，则成为可以戴的帽子；如果尺度放大并形成适合人坐的弯曲，则成为可以休息的椅子；如果尺度进一步放大，层数增加，则会成为具有诗意感的屏风。

语构学、语意学和语用学具有包含的关联

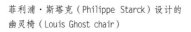

菲利浦·斯塔克（Philippe Starck）设计的幽灵椅（Louis Ghost chair）

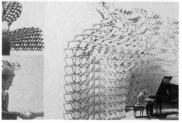

瑞士 HGKZ 大学设计学院学生的毕业设计

二、两大途径

各个时期的烤面包机，对产品意义的认知和诠释的不断拓展

释义（signification）和传达（communication）分别是产品语意学的两大互补的途径。

释义，也就是意义的衍生，主要研究的是人看物品如何产生意义的问题。意义的衍生，全在于人与物的关系。人认知物品乃至世界，从简单意义到复杂层次，都是通过适应、归纳这两种互动的符号化作用力，来逐渐调整心智加以适应，或者确认符号并了解其内容。所以，物品的意义和概念总是随着新事物的出现而不断拓展变化，人们的认知也在渐进同步地改变。

这就解释了为什么在不被提醒或说明的情况下，具有某些特征或者面包状的烤面包机与其他形状的烤面包机相比，前者我们较易认知它是烤面包机，这是由于归纳的作用。同样，在这个认知的过程中，我们又可以调整已知的烤面包机概念，去适应和接纳其他形状的烤面包机，从而形成进一层的烤面包机概念，这是一种意义认知层的提升。这也是消费者为什么会欣赏和接受某些多元化或激进性设计符号的原因。

意义传达，是产品语意学的另一个途径，研究的是物品形成的意义如何运送的问题，即产品符号本身的意义或设计师欲表现的内容，传送到接受者一方去，唯有接受者能够认知理解（即解码的能力），传达作用才可以成

适应和归纳的作用力：随着汽车形式的持续变化，人们逐渐把车的概念从"马车"调整到"汽车"

立。所以，产品设计也被看作是一个意义的传达或沟通的过程。必须指出的是，设计符号体系表达的"意义"，必须建立在受众的基础上，为受众所认识和理解，只有这样，该设计的功能、美学和文化意义才能逐渐显露出来。因此，释义和传达这两大途径缺一不可，互依互补，释义是意义传达的前提，意义传达是释义的必要条件。

从发展的角度来看，在后现代主义的思潮中，产品语意学主要被视作一种诠释设计，借参考的方法来设计产品外形，恰当地表达内在的意义。但其应用往往仅作为一种风格设计的手法，甚至成为纯粹个人化的随意表达，例如有的设计师通过产品语意来标新立异，追求新的风格，而无视其想法的编码是否被消费者所理解，也远离消费者可能的愿景。而这恰恰是过分强调其释义的途径，而对另一传达的途径忽视所造成的结果。

三、符号系统的两种构建关系

产品通过符号化的设计，构成具有整体的、随机的和连贯的特征的三维空间实体系统。而这个系统其中也必然包括一定的组成单元、排列关系或组合规律。从语言学的理论看，产品作为一种类语言符号，产品的要素，例如形体、细节、结构、色彩和表面肌理等，相当于语言中的意义单元——"字"或"词"。这些构成的意义单元最终组成了产品意义的整体。

关于意义单元间的关系，索绪尔的符号理论指出，语言符号系统中存在着句段关系和联想关系。句段关系是指构成句子的每个语言符号间不可变的排列方式，彼此存在的位置关系。而联想关系则是指语言符号本身所具有的共同点所构成的联想关系，与"不在场"的众多符号形成可替换的关联。

Six 椅各部件间的句段关系或联想关系

索绪尔曾以柱式为例说明这两者的含义：如若指该柱与其横梁间的关系则是句段关系；若该柱是多立克柱，由此所产生的与之对应的爱奥尼柱、科林斯柱则是联想关系[1]。产品符号也是如此。

因此，在产品中符号系统中，句段关系类似地指同一个产品中不同组成要素的结构性组合，例如汽车的前脸、风挡、车窗、后盖、内部仪表、座椅、底盘与轮子等在形态上的构造组合，当然也包括色彩、结构、材质、技术等各个层面上的关系，这是一种横向组合关系，是按照一定的规则有序组织起来的。把产品的意义单元类比为字或词，把这些单元粗略地在产品上进行移植，就是参照句段关系、作文的过程和法则来类似地进行产品要素的设计组织。具体来说，就是在设计过程中相应地进行主题确立、子题和题素的展开，以及最后的组织等步骤。要注意的是，一个网状的镂空在电视机上、手表上和球鞋上，其含义是不同的。它们需要在关联的、特征性的句段关系基础上进行解释，必须考虑到其所处的特定环境。

联想关系则是指同一功能类型产品中的各个体符号要素的分类组合，例如不同形式的按键、不同的色彩、不同的材料、不同的链接结构、不同的风格，它们具有共同特点。就汽车而言，前脸的不同造型、大灯的不同形状、内部的不同色彩或内饰，都是这样一种关系。因此，这种联想关系，也是一种纵向关系，是可以彼此替换的类聚关系，可以自由选择，有助于组成富于变化的"个性化"设计。例如斯沃琪手表即是保持手表部件装饰的句段关系不变，而装饰的主题（联想关系）则是富于变化。对于有特定识别要求的品牌系列产品而言，例如奥迪轿车，无论是 A3、A6 还是 S8，均在各个产品的联想关系中保持类似的符号要素，变化而有

索爱的手机，构成的"字"或"词"类似，由于句段关系或联想关系的不同，从而形成不同的符号表现

1　刘先觉. 现代建筑理论[M]. 北京：中国建筑工业出版社，1999：91.

节制，前脸的句段的结合关系也相似，使消费者感受到明确而统一、持续的视觉识别。

把产品设计中的句段关系与联想关系进行比较，我们可以发现以下差异：

1. 句段关系的产品组成要素之间具有制约性，句段关系是有序的。而联想关系的各个体要素之间具有散在性，联想关系是无序的。

2. 句段关系是现场的，构成了当下的产品，用索绪尔的话说就是"在场的安排"（要根据语境语法等规则来组合）。而联想关系则是不在场的安排，是可以相互替换的个体集合。

3. 句段关系是产品语言的"建筑物"，联想关系则是产品语言的"建筑材料"。

可见，复杂的产品符号系统就是在这两种结构关系的基础上形成的。在这两种符号构建关系的内在指导下，设计师对结构性要素不断进行分析、选择、组合与转换，从而实现形式与意义的创新。

句段关系是产品语言的"建筑物"，联想关系则是产品语言的"建筑材料"，在汽车设计中同样如此。雷诺 Twizy 电动城市通勤车（上、中图）、奥迪车（下图）

几何形态，由几何形体构成，有条理、庄重的感觉。意大利 Kartell 品牌 Tic&Tac 挂钟（上图）、富士 X-Pro1（下图）

偶然形态，偶然发生或遇到的形态，无序且有吸引力（左图）；自由形态，主要是由自由曲线、自由曲面与其他综合而成的（右图）

产品要素的符号性

在产品符号系统中，无论是句段关系还是联想关系，都是围绕具体的组成要素或结构单元来展开的，这些要素包括形态、色彩、材质及技术等，它们在句段关系方面彼此联系，在联想关系中又构成可替换的系列，具有特定的符号意义和研究价值。

一、形态之美

形态是产品中最具视觉传达力的要素之一，也是产品意义的重要载体。产品形态虽然是审美的创造，丰富多样，但它们首先都是为了表达产品的功能和性能特征，要较好地发挥材料和结构的特点，并显示技术的合理性，因而是一种"特有视觉形式"。因此，现代产品（或建筑）的形态丰富而独特，几何形态、自由形态、偶然形态和仿生形态并存，无不都是功能、结构、技术、美感等在抽象形态中的集中表现。此外，形态作为产品功能的合理存在，并非一种功能只有一种形态符号相对应，如同轿车，同样是代步的工具，但形态却变化多样。

产品的形态也是审美的创造，它在一般美学的特征基础上，结合了设计师自己的艺术趣味和审美理解，从而创造出独特的意义价值。这种形态可以是自然形态的模仿，也可以是非模仿性质的自由创造，在这其中，无不体现了形式美感的规律：比例与尺度，对称与均衡，节奏与韵律，统一与变化，对比与调和等。

对于具体产品而言，具有相同特征的形态，带给人的感受往往是基本

产品造型风格的区分	• 欧洲线	结构外露，塑胶小，理性的	
	• 美洲线	结构外覆式，塑胶大、感性的	
线条构成的意义	• 结构强度的线	有利于体现结构和强度关系的意义	
	• 美工线	起装饰作用，与功能无关	
	• 视觉感官的线	棱线、曲面肌理线	
	• 曲面经纬线	进一步凸显曲面的感觉	
	• 运动配合的线	进一步突出运动感、流畅感觉	
曲面构成的意义	• 张力	代表力量和强度	
	• 风格——感性	柔和的曲面，大R角	
	• 风格——理性	技能结构式的面，小R角	
	• 光影	表面的处理（粗糙的，雾的，亮的）	
	• 图案构成	止滑的面（凹凸），视觉美感的凹显	

产品形态的意义图表
各种形态在构成中的表现特性：
1. 线材
线材特征在于长度和方向，在空间具有一种紧张感，也有伸长的力量。
在结构上细腻有弹性，做成的构成物总有间隙留下，对空间有影响。
2. 面材
面材的特性在于轻薄、面积感。所以在构成上要发挥其特性，并适应其造型要求，有新的视觉感受。
3. 块材
块材完全封闭，确实存在，无线形的细致感和面材的轻薄感。
独立的空间，稳定感，充实感和量感。

形态和联想调查结果透过因子分析分为四类：1. 量感型、力感型；2. 稳定、不稳定；3. 暖色、冷色；4. 软、硬。

具体描述为：
有机的形状代表暖色，几何的形状代表冷色。
曲线型表示暖调，直线型表示冷调。
外凸的形状表示温暖，内凹的形状表示寒冷。
带角的形状表示硬度，去角的形状表示柔软。
水平形状代表柔软，垂直形状代表坚硬。
细的显示柔软，粗的显示硬度。
浮游感代表软，稳定感代表硬。
（日本彩色设计研究所 小林氏）

苹果 iMac 的简洁形态

仿鱼的头盔，模仿自然生物，有生命力和生
长感的形态

ICON A5两栖运动飞机,具有跑车的形态特征,
激发各地人们实现飞翔的梦想

类似的；而同类产品的不同形态，大或小、直或曲、厚或薄，也会使人产生不同的心理感受。因为产品的形态一方面是由点、线、面、体等具体组成，线条或形式并不只是构成表象符号的材料，它本身也是意象符号，与一定的情感意义相对应，例如直线代表果断、坚定、有力，曲线代表踌躇、灵活、装饰效果，螺旋线象征升腾、超然（布鲁诺·赛维）；另一方面，形态的体量比例关系、运动变化的节奏、制作手段的变化、抽象与具象程度的不同，都会使人在视觉整体上产生不同的意象和情绪的体验，例如柔和的或阳刚的感觉。

　　设计形态是受人的愿望和行为控制而形成的人为形态，形态不仅具有图像性，也具有指示性和象征性意义。因此，产品的形态价值并不在于它的自然质料，而是它的（外部）形式性，即用它来显示某种意义。企业设计师通过对产品形态的创造，把自己对于产品功能、操作、情感、品牌直至企业形象的认识和想法都融入其中，使得产品的形态成为一种向消费者传递意义的无言的手段。现代设计更关注在形态的外部特征上所反映出来的设计意图、价值观、审美情趣、社会思考等内部特性。当然，对于产品形态符号的能指和所指而言，能指往往为人所直接感知，而所指概念的确认和共享则多要借助语言的描述和评价。

　　特别要指出的是，当形态符号在产品群中出现时，其生成是与特定的规则和识别策略相关，体现特定的品牌属性和群体归属，有特定的社会功利性内涵意义隐含其中。这在商业社会的产品设计中尤为明显和重要。因此，品牌产品系列或产品群的形态符号在一般设计意义的基础上，进一步遵循了具体的规则，即由内在的理念识别出发，在企业价值观念、品牌理念或历史精神的指导下，注重保持一定的识别性和延续性，使虚拟的品牌识别在有形的、具体可触的形态符号上传达给消费者，使其得以真实地感受与认知。

　　此外，我们还要注意到，某种形态在特定的文化背景下有特定的象征意义，通过特定的形态常使人产生历史或文化的概念。这种意义概念是建立在特定的文化背景-风俗习惯等约定的关系上的。探讨这些形态的语意，会发现它们背后广泛的文化内涵。

大众新产品系列的前脸形态符号特征

"符号收集"（Collection Symbolik centerpiece）陶瓷器具，凯瑞姆·瑞席（Karim Rashid）设计

"Setta"时钟，取自日本传统的凉鞋（"Setta"鞋亦是受欢迎的文化纪念物）

国际顶级豪华车迈巴赫（首创于20世纪20年代）推出的Maybach Exelero，以1930年的Maybach运动跑车为蓝本设计

二、色彩之美

色彩是产品要素中视觉感受方面最为感性的，变化丰富且感染力强。色彩不仅能够理性地传达某种信息，更重要的是以它特有的魅力激发起人们的情感反应，达到影响人、感染人和使人容易接受的目的。阿恩汤姆在说到色彩时有一段论述："说到表情的作用，色彩却又胜过一筹，那落日的余晖以及地中海的碧蓝色彩所传达的表情，恐怕是任何确定的形状都望尘莫及的。"

人们感知和认识色彩一般要经过物理（感觉）、心理（联想）、文化（象征）的三个阶段。由于不同的色彩会使人产生不同的刺激效应，引起不同的视觉经验和心理感觉，或轻或重、或冷或暖、或进或退、或积极或消极、或热烈或安静，并带动不同的情感联想，并进而左右人的情感。人们共同的生活体验，带动产生了一些共同的色彩情感，例如红色，使人联想到火焰和太阳，象征着热情和喜悦等。此外色彩也在不同的文化背景下成为特定的文化象征。

色彩在产品、包装、平面、服装等各种设计领域发挥着至关重要的作用，作为一种视觉传递的语言，它更直观、主动与有效。产品的色彩通常也成为产生联想、表达功能、传达语意的符号要素，或具有直接的功能指示性，或以色彩结合形态对功能进行暗示，或以色彩制约和诱导使用行为。同时，特定的设计色彩，还可以表示产品的属性（例如消费电子或机械设备等）；建立与环境的关系，突出或融入其中；与产品的品牌形象建立一致的联系；可以成为纵横系列中的产品群标示，并体现企业的品质。

色彩作为一种视觉符号，无疑也是一种文化的符号，它的选择和使用反映了使用主体——人的精神和情感，并折射出地域性、民族性、文化性、历史性等特定的社会内容。这使得产品中的色彩符号承载了丰富的文化、历

B1 Bowl，里外颜色不同，充满吸引力的颜色适合不同的家具和个人需要（上图）；意大利B&B家居产品，体现色彩的魅力（下图）

史的意义，体现象征的特性。即使是同一色彩，在不同地区、不同文化背景、不同历史阶段，意义表现也不尽相同。

例如黄色，在中国传统中是帝王和万物中心的颜色，象征着提供生计和营养的土地，也象征着太阳。但在世界许多地区，黄色往往与不忠相联系，例如在中欧，就被普遍描绘为嫉妒的象征，淡黄色则象征着奸诈和挑衅（犹大的衣服被描绘成这种颜色）。而在佛教国家，黄色的地位极高，和尚的僧袍常为橘黄色，因为佛祖达摩选择了这一罪犯所穿的颜色作为摒弃一切杂念的象征。又如绿色，是植物和滋养世界的颜色，代表了春天的清新、复苏和希望，在中国和很多地方被认为是积极、有意义的。而绿色生态运动又使其成为环保的象征。而在英语中，绿色则与消极、幼稚相联系。在伊斯兰教中，绿色是先知的颜色，整个伊斯兰教图书中，绿、蓝、白的着色搭配被大量使用。再如白色，在西方特别是欧美，白色是结婚礼服的主要色彩，表示爱情的纯洁与坚贞。但在东方，传统上白色与死亡、丧事相联系（服饰上）。如今商业社会中，白色常象征高级、科技的意象。

此外，色彩符号在现代产品设计中的意义表达还必须注意到其流行的特性。流行色（Fashion Color），是指在一定时期和地区内，被大多数人喜

Jofa 715 LS头盔，其亮丽的颜色既具有吸引力，又可保护儿童参与户外活动

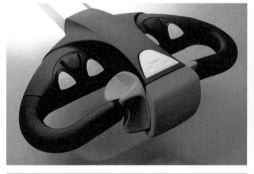

色彩所体现的功能指示性

三星红色冰箱，典藏神韵，让人充满想象

IBM工作站，黑色代表庄重、可靠、值得信赖的品牌意义

戴森 DC37 圆筒式真空吸尘器

艾利和 Iriver 消费电子产品

爱或采纳的、带有倾向性的几种或几组时髦的色彩，即合乎时代风尚的色彩。色彩的流行被认为是"最具心理学特征的时尚现象"，代表了时代的潮流和要求色彩变化的渴望，极大与极快地改变了我们对产品色彩的传统认知和喜好，它更多代表了一种选择、一种趋势、一种走向。从第二次世界大战后的黑色和浅素色，20世纪70年代的米色、灰色和后来的金属色，80年代天空色、海洋色与植物色，90年代的多彩色到如今的纯净色彩的回归，可以看出色彩的流行趋势作为社会发展的象征事物，是人们在精神上的一种希望与渴求，也是一个时期政治经济状况、社会环境、文化思潮、心理变化和消费动向的总体反映，具有周期性特征。因此，现代产品设计鼓励设计师关注色彩的流行，在产品上多使用公众持续看好、富有生命力的色彩，从而发挥其积极的影响。

附：一定对比条件下的色彩视觉经验，以便在设计时参考：

1. 色彩的冷暖感：红橙黄代表太阳、火焰；蓝青紫代表大海、晴空；绿紫色代表不冷不暖的中性色；无色系中的黑代表冷，白代表暖；

2. 色彩的软硬感：高明度高纯度的色彩给人以软的感觉，反之则感觉硬；

3. 色彩的强弱感：知觉度高的明亮鲜艳的色彩感觉强，反之则感觉弱；

4. 色彩的明快与忧郁：高明度鲜艳对比强的色彩给人以明快感，反之则感觉忧郁；

5. 色彩的兴奋与沉静：红橙黄、偏暖色系、高明度、高纯度、对比强的色彩感觉兴奋，青蓝紫、偏冷色系、低明度、低纯度、对比弱的色彩感觉沉静；

6. 色彩的华丽与朴素：红黄等暖色和鲜艳而明亮的色彩给人以华丽感，青蓝等冷色和浑浊而灰暗的色彩给人以朴素感；

7. 色彩的积极与消极：黄橙红象征生命力和积极进取，青蓝紫象征平安温柔向往；

8. 色彩的进退感：对比强、暖色、明快、高纯度的色彩代表前进，反之后退。

三、材质之美

材料作为产品构成中重要的要素符号，也是产品意义的系统传达中的重要一环。从符号学的角度看，材料重要的不是它的自然质料性，而是它使人产生的意象所对应的特定意义。对于材料，人们常常通过视觉、触觉等来综合感受其表面的质地，包括表面的肌理、软硬、温度、光滑粗糙程度等，并通过感觉间的联想，产生特定的心理感受和情感体验，并逐渐在材料与视觉经验、心理体验与意义指向之间建立起稳定的联系。例如金属给人坚硬、光滑、冰冷和科技的感觉，而木材则给人温暖、手感柔和与易亲近感。在这种稳定的联系下，人们看到某种具体的材料时，不必用手触摸，通过视觉经验就可以产生特定的综合感觉印象。

Nokia E71，整个后盖是抛光不锈钢材质，上有雕刻方格状的网点凹纹用于防滑

这种意义的关联已经融入人们对于材质的感觉体验，甚至回忆有时也可以寄托在一件物品的材料上。例如在使用的过程中，木材比其他材料更容易留下生活的痕迹，相对于其他材料的磨损，木材上的痕迹则是经历时光的记忆与生活的记录，无疑是温暖而细腻的。

在产品设计中，材料可以独立或协助其他要素表达特定的含义，材料语意的不同会影响产品语意的差异。以手机设计为例，一般工程塑料外壳象征中低端；要表现高档，则多用镁铝合金；为表现更高的档次与奢华，外壳甚至采用碳纤维或钛金属来进行特定的意义表现，例如VERTU TI系列智能手机。此外，对于材料的选择，也是一种符号化的结果，与设计的语构规则相关，其中必然凝结了设计师特定的思考。设计中材料的选择，除了要考虑材料本身所具有的物理特性、感觉特性、文化特性以及产生的联想，还要受造型及工程技术的影响。

Russell Hobbs 滤式咖啡机，几何形式与高质感不锈钢面板设计相结合，体现出尖端品质

各种材料反映出不同的体验与文化意义。
Magis 花朵休闲椅（Flower Chair），源自法国知名大师 Pierre Paulin1960 年的经典作品，主材是聚碳酸酯(左图)；家庭餐用碗，竹子和瓷器的和谐结合创建这个餐具的优雅轮廓(左中图)

褶皱纸灯，表面突起的自然纹理叠加交错，如藤蔓覆盖表面，同时起支撑作用，辛瑶设计（右中图）；手工制成的杯具，有金属手工锻制的质感（右图）

竹制品环保品牌 Bambu 厨房用品。除利用竹子的天然形状进行设计外，还有效地利用了边角料，令竹制品的外观更加多样化

例如中低端的手机选用工程塑料，是基于成本和耐用、耐热等工程方面的要求，这是一种语法规则的（语构）；高端手机多选用镁铝合金，也是基于其重量要轻、散热要好的要求以及高科技感的需要，这同样也是一种语法规则的（语构）。又例如因物理的法则（陶瓷较玻璃隔热），所以设计师一般会选择陶瓷做咖啡杯、玻璃做冷饮杯（当然设计可以有所变通，玻璃把手加塑料材料隔热也可变成"热饮的玻璃杯"，这种变通可以用语用来解释）。

在不同自然环境、不同地域与不同历史背景下的设计创造中，材料的选择和使用，必然也凝结了特定的历史、文化特征和社会意识。竹子，在中国、日本乃至东方等很多地区大量存在，作为可再生的自然资源，其造型挺拔、风韵优雅、竹香清淡，低调却富有韧性，因而在传统文化和器物中经常出现，成为特定的意象元素，甚至可以代表中国的某种文化意味，例如石大宇所设计的"椅君子"。而这种低调却富有韧性的物料在环保风流行的现代设计中，结合制品更充分展示了东方自然、和谐和人文的设计意味，例如环保品牌 Bambu。此外，木材、陶瓷等其他传统材料也都同样地凝结了很多传统的文化价值和历史意义。

另外，由于材料在社会中并非孤立存在，很多时候与特定的社会活动、社会现象与社会思考相联系，因此物品的材料也必然折射出特定的社会特征，例如环保材料的生态意义。瑞士 Freitag 包，利用工业废弃的卡车篷布和其他安全带、内胎等进行再处理并设计而成，一方面其响应了环保再利用的风潮；另一方面，其材料使用过的独特的"痕迹"成为其特有的生命感，每一块布背后都有特定的故事，这种生命感是全新的材料制成的包所无法比拟的；此外，由于手工裁剪，每个图案只生产一个，而买包的顾客的照片也会收录进随包赠送的书中，犹如身份证一样，全球化时代中的个性与唯一可见一斑。因此，现代设计要充分利用本地材料作为自然资源或社会资源的特性，也可鼓励尝试材料的非传统、跨文化的设计演绎，如同香港设计师的陶土制收音机、国外的混凝土家具，就产生了亦新亦旧的不同意象。

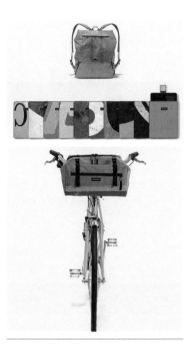

瑞士 Freitag 包

四、装饰之美

装饰也是产品符号构成的不可忽视的要素之一。虽然现代主义提倡以理性的功能思维去推导产品的形态与色彩，往往去除所有的装饰，但是从人类造物的历史看，大部分设计都是与装饰有关的，原研哉甚至指出，"设计都是富裕的一种隐喻，以及赞颂人工痕迹的装饰"。装饰一开始都是以自然的范本为基础发展而来的，除了自然的美感与意义联系以外，那些繁复的纹样更体现了一种特殊的审美，因为样式复杂的图案中集中了高难的技巧与长时间跨度的工艺积累，如同规模的宏大与象征，使人们自然产生敬畏感。例如中国古代的青铜器、北京紫禁城中遍布各处的龙纹、米兰大教堂复杂的尖塔与巴洛克式的外窗，以及令人赞叹的阿拉伯设计等，无不是同样的根源，

图案取自中国青花瓶，《中国装饰实例》（*Examples of Chinese ornament*），英国南肯辛顿博物馆等

米兰大教堂（Milan Cathedral）复杂的尖塔与巴洛克式的外窗

噶丹·松赞林寺，集藏族宗教造型及装饰艺术之大成

吉马德（Guimard）设计的巴黎地铁的入口

均蕴藏着威权。可见，所有的文化对装饰图案设计都很重视。而后，这些装饰在手工业时代由于人的主体意识的觉醒与审美意识的加强得到了极大的发展。后经工艺美术运动、新艺术运动、装饰艺术运动等不同时期，装饰与现代设计发生了各种符号意义的联系。例如建筑结构与表面装饰之间就有很强的关联，吉马德（Guimard）设计的巴黎地铁的入口就是一个例子。

装饰在产品设计上一般表现为平面性的装饰元素，如纹样、图案或文字等，也有与产品的各种开孔、凹槽相结合的，还有是局部的立体性装饰形象或光影。装饰的元素或图案大多取自于传统的自然题材（动物或植物等），表达产品中的自然意味与美感。从传统的家居领域看，自然主题的装饰艺术在家具、餐具、灯具以及日常用品设计中的应用具有悠久的历史。装饰元素也有从传统文化、历史故事、品牌主题或者社会题材中选取并抽象化处理的，借以表现个性、情感或社会文化意义。此外，装饰元素也有纯几何的装饰形象，包括新兴起的数位化、象素化图案，其创新的组合无疑增添了产品本身的趣味性。

近年来，随着技术的提高、情感回归的需求以及设计观念的更新，在设计领域中尤其是家居产品设计中，又重新兴起了大量装饰元素的回归应用，其具有相当的广度和深度。当代的灯具、家具、生活用品等设计进一步表现出繁荣多样化的姿态，这些从每年的米兰家居展上可见一斑。同时，家用电器、交通工具、电子产品等的硬件表面甚至是软件界面也有越来越多的装饰元素加入其中，例如索尼爱立信曾开发过一款 Walkman 手机，玫瑰红的机身背后设计有浮雕式的图案装饰。这些装饰无疑丰富了电子产品的技术形象，给它们带来了新的个性意义与人文魅力。

因此，对于门迪尼（Mendini）提倡的"能引起诗意反应的物品"来说，装饰元素是其中表现情感、让人着迷的最好途径之一。

产品语意学的兴起与教学开展

LEXON 智能收音机，藤条编织的音孔肌理（左图）；索尼爱立信 Walkman 手机后背的图案（中图）；阿莱西的 Dressed 系列锅具，优雅的压花图案应用在锅子的装饰上（右图）

一、产品语意学的定义

　　产品语意学，就是研究人造物体（即产品）的符号表现（造型）在使用环境中的象征特性，并且将其中知识应用于工业设计上。这不仅指物理性、生理性的功能，而且也包含心理性、社会性、文化性等与环境方面的象征价值。具体来看，即指产品作为一种符号，通过造型的设计、符号系统的构建传达本身的丰富的特定意义。因此，产品语意学成为20世纪80年代风行一时的"造型诠释"方法之一，理念即是"形式追随意义（Form follow meaning）"，进一步发展出了"形式追随时尚"、"形式促进表现"、"形式追随情感"等。产品语意学的目的是在"用造型表达产品的意义特性"，简单来说，就是"让产品自己说话"，带来与使用者的自然互动。

　　语意学设计能够使设计师在产品形态等方面形成设计创作的新突破，塑造出有特色的符号形象。具体来讲，语意学设计即是要求设计师用符号与意义去进行设计的思考，在意义赋予与情境营造中形成创新性的符号性表达，

Magis-Chair One 结构椅，康斯坦丁·葛契奇
设计

水果盘设计，Tom Dixon 设计

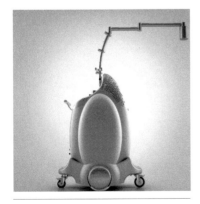

充满人情味的医疗设备设计

并自然带来风格的突破。由于设计师常有不同的创新想法，所以即使是用语意学来设计诠释同一个主题，其结果也往往是丰富而不同的。

　　但前提是设计的结果要能够被消费者、使用者所认同。这种语意学设计的观点充分重视以传播理论为基础，强调建立在语意学基础上的设计创意流程，在产品符号与意义的互动中实现沟通，把意义更快更好地传递出去。

二、背景

　　产品语意学所提出的新设计思想，之所以能在产品设计方面形成具体的设计潮流，并非偶然，主要基于以下的历史原因：

1. 后现代主义思潮的兴起

　　自 20 世纪 50 年代以后，现代主义建筑对于功能的过分追求和强调纯粹性的消极作用开始显现，轰轰烈烈的"国际现代主义"、"功能第一"、"结构第一"的设计观念造成几何化风格在全世界大范围流行，产品设计趋于单调、简单、冷漠、严谨而缺乏人情味，只具有技术语意和功能语意，没有思索回味的余地。鉴于此，人们开始对现代主义设计进行反思，建筑领域率先出现了后现代主义思潮，而后波及产品设计等其他设计领域。美国建筑师文丘里在 1966 年出版的《建筑的复杂性与矛盾性》中针对现代主义的"少就是多"提出"少就是乏味"，提倡杂乱的、复杂的、折中象征主义和历史主义的建筑。詹克斯 1977 年在《后现代建筑的宣言》中明确提出了后现代的概念。他们都强调设计的隐喻意义，通过历史风格增加设计的文化内涵与象征性，或者反映一种幽默与风趣等。这股难以逆转的后现代设计风潮也同样影响了现代产品设计的发展。人们开始思考：产品不仅是一件工具，具有使用的价值，而且还要表达特定的意义与文化内涵，使其进一步成为某一文化的隐喻或符号。

因此，也可以说，所谓后现代主义建筑或产品设计，不论是哪一设计流派，关注的都是设计意义、形象与艺术风格，基本不涉及设计的功能、技术与经济方面的事项。它对现代主义的反叛，目的是重建人类现有的文化，探索尽可能多元化的创新道路。而语意学设计是最主要的设计探索。

2. 机械时代向电子、信息时代的转变引起的"造型失落"

20 世纪 50 年代中期开始，随着技术上机械被电子技术所取代，产品造型日渐趋向小型化、薄型化、盒状化、扁平化与同质化。以往设计所遵循的"造型要明确地表达功能与结构"的创造法则开始变得不可能。电子产品的出现使得造型与功能之间失去了必然的、密切的联系性，导致了突出物理机能的"黑箱现象"和"造型失落"，以至于面对造型单一的"黑箱"现象，使用者无法有效辨认其识别与功能。而近十年数码产品特别是智能手机的发展，在苹果 iPhone 极简设计风的带动下，外形大多都是方正且带规矩的直圆角（前面板键很少），苹果、三星与小米等有的款型外观区分不大，设计的意义与体验重点已进一步集中在内部的软件界面上。

另一方面，20 世纪 70~80 年代的新生事物中，许多新型的家电产品、通信器材、个人电脑等因电子和材料科学的发展和支持纷纷出现，这些新生或转型的产品在体积缩小和功能提升方面有极大的转变，例如从迷你音响、随身听到 MP3。而近年来的 iPod、iPad 到智能电视、智能恒温器 NEST 甚

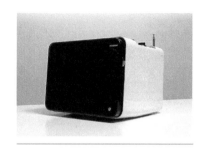

现代主义设计的产品，强调功能和极简洁造型语言

花瓶、咖啡壶、牛奶壶与糖缸，后现代主义思潮中的标志作品，詹克斯设计，阿莱西

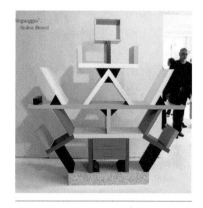

孟菲斯回顾展上的"卡尔顿书架"，索特萨斯（Ettore Sottsass）设计

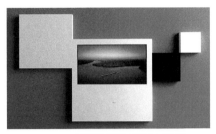  

电子时代产品的扁平化、简洁化，往往带来无法识别的问题（左图）；注重识别使用且有表情的电子产品界面设计（中图）；索尼 HDR-MV1 音乐视频录像机，多种复杂技术整合的紧凑型设计（右图）

至是最新的可穿戴式智能设备更是因智能技术的介入形成新的产品潮流。所有这些新生的或旧的但已有改变的产品，都需要一种可以辨别、易于识别的新的造型形象来确定自己。无疑在这新旧转换的过程中，除了旧符号的渐进性设计外，大多潜藏着新造型和新设计符号匮乏的现实。而这也是后现代以来及当今产品设计的重要需求之一。因此，无论是新功能还是新形象，都需要探索新的造型文法来建构和表现，以满足新时代"物品辨认的需要"与"意义创新的需要"。

3. 感性的互动与沟通成为消费者关注的热点

随着人们开始进入大众消费社会，经济体系由以生产者为导向真正转向以消费者为导向。经济的发达和生活质量的提高，使得同质化的产品无法满足消费者的内心需要，促使人们在物质功能满足的同时追求更多的精神功能——要求产品个性化、多样化与差异化。这意味消费者对产品的消费已经从现代设计所强调的功能满足、合理（高效）转变为对产品意象的心理满足，注重风格差异和精神享受，这其实是一种追求象征价值的"符号消费"现象。

而现代文明生活方式的改变、生活节奏的加快、生活形态的空前改变，带来了人们相互间交流的日益淡漠，人们从未像现在这样关注产品感性层面

Nixon The Trooper 时尚头戴式耳机，前卫大胆的设计，引领风潮

上的意义互动，并越来越重视产品的对话功能——即人类心灵与精神的操作，以实现这种情感和人性的平衡。因此，可理解性、可沟通性已经成为新产品设计的中心问题。

4. 对文化意义的再认识

产品设计的发展随着技术文化和全球市场化的迅速扩展，其原来变化多端、多种多样的各国设计风格设计正被一种国际化的风格所取代，即高科技社会的技术文化。与此同时，人们已明显感觉到高科技社会中世界各地的固有文化特色正在现代产品上逐渐地消失，各民族的设计文化和审美特点、地区性的个性风格也遭到了简单的抛弃和轻视。

而地域文化作为一定地区的自然、风土、生态等基础上经过长时间历史积聚形成的特定的东西，是一种"记忆"，而这些正与产品中心理念、社会、文化的脉络紧密联系。因此，人们迫切需要通过有意识的产品设计，来建立世界文化（技术文化）和地域文化的动态平衡和共生互补，证实两者的同等地位，并从"生命造型的意义"寻求文化重建的典型。此外，还需要更多关注当今社会文化的意义。这些对于渴望在国际市场的竞争中生存并获得成功的中国企业设计师来说，文化关联性的设计尤为重要。不管对于本文化还是跨文化的设计都是这样，巧妙地注入"乡音"无疑可以加强设计的文化连续感和地域气息，增强设计语言的感染力。

宋代朱熹曾写过一首耐人寻味的哲学诗："半亩方塘一鉴开，天光云影共徘徊。问渠那得清如许？为有源头活水来。"当代中国产品设计的发展，面临着这样一个新的课题，即如何让思想永远活跃，以开明宽阔、广泛包容的胸襟，从历史和其他地域文化的源流中，汲取文化的养分，接受各种不同的思想与鲜活的知识，使产品设计才思不断、新水长流，更加完善且多样化，

"当时优良设计的胜利"。只要与高科技有关，所有东西都变得轻薄短小，像盒子、表板，即使会吠的狗也演变为住宅防卫系统。（摘自《产品语意学背后的现代思潮》）

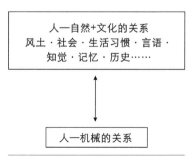

人—自然+文化的关系
风土·社会·生活习惯·言语·知觉·记忆·历史……

人—机械的关系

从人与机械的关系向人与自然、文化的关系转变

印度工业设计中心的学生设计的输出用袖珍收音机。从这些作品诙谐俏皮的特点中，能使人感受到印度的风土味和民族风格

MRET 净水器，韩国 MOTO 设计

更进一步有所创新，更符合全球不同地区、民族与市场人们的文化愿景。这也是许多当代设计师所追求的目标。

总之，由后现代主义思潮带起的产品语意学设计，契合了消费社会的感性和设计文化重建的需要，其对主体精神、文脉和符号语意的重视，有助于为上述问题提供新的设计思考和解决的新的可能性；赋予产品新的差异性和识别性；赋予产品功能性以外的人文价值，即在产品发展与人类使用产品的历史中重新探求产品的文化意义；进一步突出其"对话功能"与"环境功能"，在心理、社会、文化与环境方面形成有意义的互动。

三、课程的目的及意义

江南大学（原无锡轻工大学）设计学院的"产品语意设计"课程，作为产品设计专业的高级课程，在国内开设较早，在 20 世纪 90 年代初期就展开专门的教学活动。经过多年的理论和教学实践，已形成了探索性和综合性的课程特色。多年来，该课程所培养和激发出的创新成果为国内外许多专业院校、企业及设计竞赛所肯定。目前我国内地及台湾地区很多高校都开设此课程并作出了有益的探索。

在教学中，产品语意学的课程目的侧重于从符号学、传播学、认知心理学的角度研究产品形态（声音、材料、光线等）在使用环境中的象征意义，使学生通过学习了解并掌握设计思考的新角度和语意分析的新方法，使产品设计与学术研究相结合，并进一步引导以产品语意学的方法在设计中广泛扩展思路，将社会的、生活的与文化的背景知识应用于产品开发，从而帮助学生提高设计的创新能力。

事实上，该课程是产品设计专业学生提升综合性、研究性与创新性能力的一个重要途径。通过对语意学设计的理论及相关知识的讲解，学生可以初步建立对该专题的专门性知识体系（概念、体系、原则与方法等），培养从设计符号及意义的新视角对世界优秀案例分析研究的能力，同时还涵盖社会、人文、艺术历史与理论等广泛知识领域。在此基础上，也会更多地关注与设计相关的社会、文化、环境与生活等的过去、现在和将来，并在具体设计流程中积极应用语意学设计方法，形成有创新力的产品符号（及意义赋予）设计。特别要注意的是，设计语言的精确表达在设计调研与设计定义备受重视的今天更为关键，如何通过恰当的符号形式去与技术、工艺、材料等进行无缝匹配，以准确地表达设计的概念与意义赋予，成为教学的重点。

除设计研究以外，在课程探索中产品语意学的具体设计也涉及很多的问题，因此需要重点学习和处理好以下三个关系：

1.重点研究处理好传统与现代的关系，即在借鉴中国传统设计中丰富的形象资料和思想哲学，为解决当下的设计问题所用，通过传统与现代的结合和再创造，形成亦新亦旧的时代性设计。

2.重点研究处理好民族性与世界性，即在全球化的时代下，一方面打破地域和民族的界限，有时代的特征和开放度，另一方面又保持其独特的文化特征和魅力，对民族的形式进行世界性的编码，从而形成亦他亦我的世界性设计。

3.重点研究处理好设计符号表达中的可认知性和创新性的关系，一方面清楚表达产品符号的必要信息，另一方面又形成必要的复杂性和新冗余度，从而形成既陌生又熟悉的设计。

烤面包机设计，隐喻利用天然鹅卵石加热、烧烤食物的古代烹饪之法，王晶设计

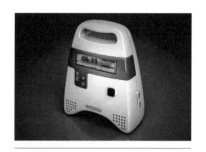

手提收音机设计，取自古代编钟，刘飏设计

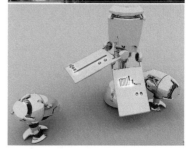

"终结者"电影风格音响设计，张立昊设计

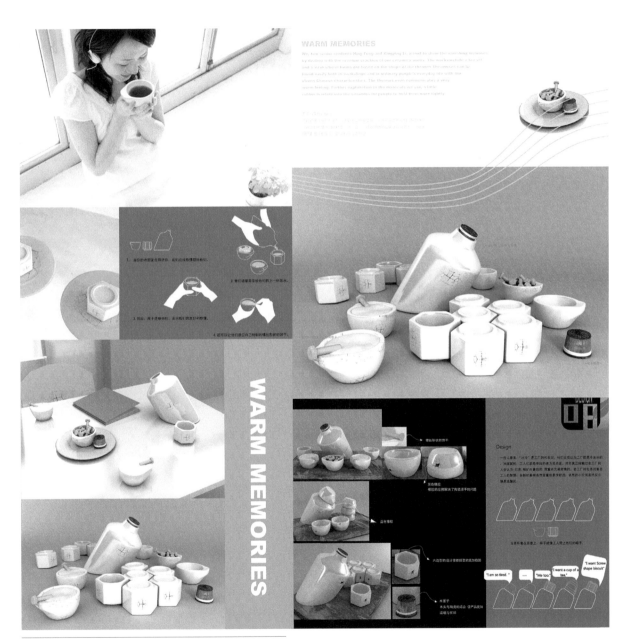

WARM MEMORIES

"江南厂"工业记忆陶瓷产品设计, 冯宁、李兴萍设计, 张宪指导

第三讲　意义呈现：产品语意的构成

理解的意象

符号学的理论从 20 世纪发展至今，尽管形成各种理论体系和研究流派，理论观点也各异，但语意学往往被视为其中心所在，只有谈到意义才可以说真正论及符号，涉及符号的主体。因此，对于产品意义的研究作为最受重视的核心部分，同样也是统领产品符号构成与发生作用的关键联结点。

一、符号意义的层次

对于符号而言，意义是认识的内容和结果。从上文和实际体验中我们可以了解到：服饰、建筑、园林、饮食等生活中的各类符号，作为有意义的载体，其反映出的意义和内容常常是多重的且复杂的；对于不同的对象的解释也是不同的。产品符号的意义表现也是如此。因此，为了很好地了解产品意义所呈现的面貌，需要首先从符号学一般理论来了解符号意义层次、演变关系，以便进一步了解设计符号的意义结构。

意义内容（即意指）是指符号形式所表现和指向出来的全部内容，也是人作为主体对客观事物（符号）进行诠释（符号化）的结果。意指关系是语言符号学研究的一个核心内容，西比奥克（Sebeok）曾指出，所有事物表象的背后都存在一个共同的东西：符号意指关系（1991）。传统观点认为，语言符号的意指关系包含两个彼此联结的项，即意指他物之物和被意指之物。借用索绪尔的术语，前者为"能指"，后者为"所指"。索绪尔的理论认为，"能指"和"所指"两部分的统一才组成符号，能指是指符号形象，是感官可以感受到的部分；而所指是指符号所代表的意义部分，即意识上的指涉。早在古希腊时期，斯多葛学派类似地认为，语言符号应该包括语言的声音或材料、语言的指涉或对象、语言的内容或意义三部分组成。

英国学者奥根登（Ogder）和理查兹（Richards）在合著的《意义的意义》一书中，在索绪尔理论的基础上进行改造，提出了符号三角，将原来的能指和所指二要素增加为三个，即增加了一个意指对象，即符号能指（形式）—符号所指（内容）—意指对象（实物意义），进一步指明了符号能指（形式）与所指（内容）之间的直接关系，以及所指（内容）与意指对象（实物意义）之间的间接关系。这丰富了符号联结和指称的多种可能性。

美国哲学家皮尔斯强调符号的联系特性，他根据符号三要素（媒介、对象和解释）的相互关系建立了"符号的三合一分类方法"。其中，媒介是符号的表现形式；指涉对象，即客体，代表符号所代表的具体对象；解释，即意义，是符号的思想内容，是解释者对符号的理解或说明。他认为，符号学就是研究符号、客体和意义之间关系的科学，符号的内容应该包括指称对

奥根登（Ogder）和理查兹（Richards）符号学三角

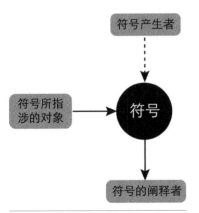

皮尔斯的"符号—对象—阐释者"，强调符号的联系特性

象和解释的两个层次，符号只存在于对象与阐释之间的关系之中。在符号意指活动中，如果只有符号和意指对象，缺少作为第三项的意指根据，不能构成一个完整的意指活动过程。

弗雷格（Frege）的意义理论是其语言哲学的核心，弗雷格认为对符号（专名）的理解应该包括意谓（指称）、意义（含义）与意象。"意义处于意谓和意象之间；诚然，它不再像意象那样是主观的，但它也不是对象本身。[1]"

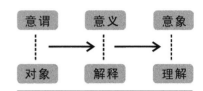

弗雷格的意义理论

他指出，意象是我们关于一个指号的内心图像，这种内心图像来自于我们内部或外部的感官或活动记忆。因此，意象是主观的、充满感情的、不确定的，两个不同的人对同一个指号的意象是不同的，但这并不妨碍我们领会相同的意义。他以"一个人用望远镜看月亮"为例，月亮本身代表所指的对象（意谓），望远镜中物镜所显示的真实图像代表意义，月亮投射观察者视网膜上的图像则代表意象（每个人由于眼睛构造上的差异，仅仅拥有自己视网膜上的影像）。从这里可以看出，意义（涵义）虽然是片面的，却是客观的、固定的，可以为许多观察者所把握和共同使用；这里的意义既不同于个人的意象，也不是对象本身，它可以理解为一种公共意象，被多数人共同理解的对象的属性[2]。

因此，从弗雷格的意义理论可以看出，针对理解的意象是主观的，"常常浸透着感情，其各个部分的清晰性均不相同，也不确定"；而针对解释的涵义（意义）则能够为许多人所共享，具有普适性。同理，对产品形态符号

1　[英]G.弗雷格. 论涵义和所指[J]. [美]A.P.马蒂尼奇. 语言哲学. 北京：商务印书馆，2004：379.

2　孙玉冰. 克里普克历史因果命名理论研究[EB/OL]. 南开大学哲学系 2007 年度"五四"获奖论文，http://phil.nankai.edu.cn/uploadFile/softdown/20077641216625.doc

"Living Gear Bamboo Glass" 竹形杯，杯子堆摆起来形成节节长高的竹子造型，具有东方文化底蕴的设计

而言，可以是功能识别的意义，也可以是进一步的意象的表达，用以表示有关过去的感受和知觉的体验在个人心中的复现与回忆。

罗兰·巴特也在追随索绪尔的基础上，提出符号有两个层次的含义：

第一层次是符号的外延意义（Denotation），即明示义，是指使用语言表明语言说了些什么，即某个符号与其所指对象间的简单关系或字面关系。这层意义是首要的、具象的，并且相对独立的。就产品而言，外延是通过外观等直接表达的功能性的"本义"，是物体的表象内容。

第二层次是内涵意义（Connotation），即隐含义，其中还包括了文化中的神话（Myth）。内涵是指使用语言表明语言所说的东西之外的其他东西，是言外之意，即形成意义中那些联想的、意味深长的、有关态度的或是评价性的隐秘内容。它反映了表现的价值并依附于符号之上。

前者外延是符号明显外在的意义，后者内涵是符号在其所依托的社会文化背景之中引申的意义，后者在前者的基础上产生，稳定程度相对较低。比如国王的椅子，"坐"是它的明示义（外延），还焕发出庄重的威严，表现权力，唤起敬畏之心的隐含义（内涵）。巴特将内涵意义称之为"意义剩余"，存在于两个维度上：一是象征，物隐喻的深度；二是分类，即社会赋予的等级系统[1]。

其中神话是内涵的隐含层次上发挥作用（这里的神话并非古典神话学）。巴特所谓的神话，被理解为意识和习惯的意识形态。他认为，神话的功能是使文化自然化，即支配性的文化和历史价值观念、态度与信仰，用以维护统治阶级的利益，力图将事实上部分的和特殊的东西变成普遍的和全面的，将

1 胡飞. 工业设计符号基础 [M]. 北京：高等教育出版社，2007：94.

文化的变成自然的 [1]。神话主要在隐含的深层次发挥作用，常常不被意识到。例如我们对荷花为主题的图像（荷花、荷叶与月光等）进行理解，结合我们所积累的社会文化中广为接受的概念，从中解读出"出淤泥而不染，濯清涟而不妖"的文化象征意义。

无印良品反映了极简主义的日式生活形态和美学意识，在更深层看反映了一种成熟的消费观

而费斯克（Fiske）和哈特利（Hartley）延续了巴特的符号学研究，在他的外延和内涵的基础上又发展出了第三层次的意义，即意识形态，也就是神话的广义概念（特定时期占主导地位的意识形态）。他们认为最深层意义应该来自社会中的意识形态，反映了主要的文化变量的概念，支撑着特定的世界观。社会成员由此对自身社会经验的某个特定主题或部分进行概念化或理解，其远超出符号当初所代表的原始意义，例如现代主义、后现代主义、波希米亚精神等。以荷花为主题的图像为例作进一步理解，在第三层次即意识形态序列解读，得到"观身非身，镜像水月。观心无相，光明皎洁。一念不生，虚灵寂照"的哲学意境。再以无印良品为例，其服装、文具、家居用品及生活杂货的设计朴素、简约，平淡无奇，在外在层面有着"无印"的质朴和"良品"的品质，反映了极简主义的日式生活形态和美学意识，在更深层看，无印良品反映了一种成熟的消费观，在生活的"基本"与"普遍"间寻得新的价值观，以及对于资源、环境相互间的理解等的考虑。

而鲍德里亚提出类似的意义分层，即分类为首要的（实际的）功能和次要的（非物质性的）功能。

1　胡飞. 工业设计符号基础 [M]. 北京：高等教育出版社，2007：98.

Sr- 能指，Sd- 所指。意义层次的演变关系

时尚有诗意感，各种层次意义的演变隐含其中

二、意义层次间的演变关系

索绪尔的理论认为，符号由"能指"和"所指"两部分组成；同时具备了能指和所指，就可以成为符号。其中能指和所指并不是完全隔离的，而是互相演化的。

具体来讲，即第一系统的能指Ⅰ和所指Ⅰ构成了符号Ⅰ，而符号Ⅰ（包括能指Ⅰ和所指Ⅰ的整体）又可以成为第二系统中的能指Ⅱ，与所指Ⅱ相对应，形成新的符号Ⅱ。以玫瑰花为例，玫瑰花的图像作为能指Ⅰ，其所指Ⅰ为"茎上多刺，红色、美丽的花，蔷薇科植物"，即形成符号Ⅰ——花的概念符号，也即外延意义；而这种美丽、热烈的花（符号Ⅰ）又成为高一层次的能指Ⅱ，用来象征美好的爱情（所指Ⅱ），又形成了符号Ⅱ——花的情感象征符号，即内涵意义。这样，"物的符号"转变为"文化的符号"。同样的例子，密斯·凡·德·罗的"玻璃幕墙"或者博士伦隐形眼镜广告中的"雨

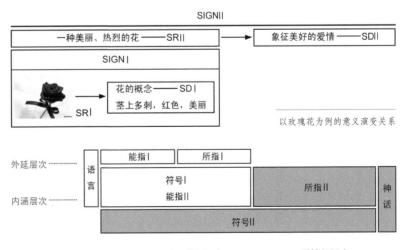

以玫瑰花为例的意义演变关系

意义演变与外延、内涵层次的关系

伞"符号都可以用此来进行意义的类推和转化。

在有关外延与内涵的表达与层级关系的论述中，罗兰·巴特认为：外延是第一序列，是由一个能指和所指所组成的符号 I；内涵是第二序列的含义，它使用外延符号 I 作为它的能指，即是以符号外延的形式（即外延的能指）与外延的意义（即外延的所指）结合为内涵层面的能指，并且与它内涵层面的所指相联系。

在这一架构中，内涵意义是以外延为前提的，内涵中包含的符号是从外延的能指符号中获得的（外延引导着内涵的链条）。以产品为例，产品的内涵意义表示与产品符号外延的形式、功能相关的主观价值，其内涵层面的能指和所指的结合极不稳定，往往因人、因地、因事而不同。所以，巴特认为"内涵意义就是把外延意义加以固定或冻结；将某个单一的且经常是意识形态的意指加诸到能指之上，而掏空了第一层符号的意义"。这也暗示外延是根本的和初级的意义。以花瓶为例，试将这个花瓶自然形态的设计，改为抽象几何形式的造型，则原先的飘灵、自然的意境随着造型的单一而消失，其内涵意义也随之转换。可见内涵也可以由能指的形式决定。

内涵及神话也是受能指与所指的关系的影响。如前所述，内涵是评价性的、诉诸情感的，而神话体现在对主题概念化的理解（进一步扩展为意识形态），进一步指向所指层面发挥作用。苹果极简的 iPod 和 iPhone，就反映出最时尚、最流行的年轻一族的生活观点与简单到极致的文化观念，这是一种概念化；瑞士 Freitag 包，使人联想到环保、环境的责任等社会文化的思考，也是一种概念化；瑞士设计师设计的木质动物装饰 Moose Head（原挂在墙上，体现对自然的感恩），反映了对传统风俗与现代动物保护主义理念的协调思考，同样还是一种概念化。神话及意识形态意味着有相同文化背

小草花瓶，让人回忆起自然野性美，丹麦 Claydies 设计

瑞士 Freitag 包，使人联想到环保、环境的责任等社会文化的思考

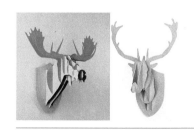

木质动物装饰 Moose Head，瑞士设计师设计

迪士尼办公大厦，格雷夫斯（Graves）设计

景的人运用它能够更好地理解意义，而有着不同文化背景的人所解读出的意义则会有所差别。

　　因此，以上符号意义的层次组成与演变的分析，可以有助于设计师对符号的意义层次有更好的理解和区分，认识到：隐藏在符号表象背后的意义可以解构成多重结构的元素，使其既有显现于表层的意义，也有隐藏于深层的意义；符号通过形式的表象与内在意义之间的关系互动，完成借由外延和内涵意义建构出完整的意义脉络。这些将有益于对后面产品符号意义脉络的具体解析。

三、设计符号的意义结构

埃及喜来登美丽华酒店，格雷夫斯设计

　　在索绪尔的能指—所指、皮尔斯的媒介—对—解释、弗雷格的指称—意义—意象，罗兰·巴特的外延—内涵等符号学意义理论观点的影响下，很多建筑学和设计学领域的专家学者先后提出关于设计符号的意义结构的不同观点。

1.建筑的一次含义和二次含义

　　建筑被人认识并加以理解，通常会产生不同层次的含义。一次含义是通过人与建筑的直接交流中产生的，以其初始含义为依据，即以建筑自身的功能为依据去理解建筑，这样，建筑则是具有某种功能的构筑物——功用与物质上的结构。

　　建筑的二次含义则是在一次含义之外的，在设计者与感受者间关于建筑代码的理解，"表示并强调与发送者、接收者和代码相关的领域"，是深层结构。这种建筑代码在一般设计中通常并不十分明确，而格雷夫斯（Graves）建筑设计的重点就在二次含义上，正是通过成对概念的应用来强调表达二次含义的建筑代码，从而获得丰富的建筑内涵，例如迪士尼办公大厦、丹佛中

丹佛中央图书馆，格雷夫斯设计

央图书馆。

2. 外延意指和内涵意指

艾柯在《符号学理论》（1972）中有详尽一章专门讨论符号学与建筑。将符号理论的重要概念引入建筑领域，认为建筑符号同样包含外延意指（第一功能）和内涵意指（第二功能）两种意义。

沃尔沃 V40 汽车的外延意指和内涵意指

其中，外延意指指一项符号表达对信息接收者（处于某一特定文化的）所触发的直接效果。以汽车为例，外延意义就是"这是可以开的交通工具"，往往与实用功能相联系。而对于内涵意指，艾柯认为指能使处于某一特定文化的个人想起符号相关意义的所有事物[1]。在这个意义层面上，汽车可以指商务人士的汽车，或者追求运动享受的汽车，或者有安全感、信赖感的汽车，或者彰显奢华的汽车，或许多其他的联想。因此，内涵意指可以被当作在一个特定社会中，依据某一确定的符号而产生的联想的集合，是一种主观价值。

艾柯明确指出，这种次序不是一种价值判断，好像一个功能比另一个功能重要一样；相反，第二功能（内涵意指）是建立在第一功能（外延意指）基础之上的。

但在现代主义时期，建筑所表达的意义却往往遭到只注重实际功用（外延意指）的社会意识的遮蔽，认为建筑符号正因为具有实用功能，它们才成为符号，因而"常被转化为功能的展示"。建筑的每一个部件及其组合无疑具有其特定的使用功能，然而各部件的任何一种具体形式实际上都蕴涵着我们的经验和历史（内涵意指），表达着丰富的意义。建筑符号学的文化功能，便在于"重寻失去的人文意义"。

安藤忠雄设计的光的教堂，当人置身其中，自然会感受到它所散发出的神圣与庄严

---

1 ［德］Bernhard E. Burdek. 工业设计：产品造型的历史.理论与实务[M]. 胡佑宗译.台北：亚太图书出版社，1996：159-160.

"发现者"头盔式电视，1990年荷兰飞利浦公司专门为儿童设计的。巧妙地把产品设计成"头盔"式样，外面是可以打开的半球型罩，有效防止了灰尘污染。流畅的现代造型中带有几分宇航神秘感的造型符号，加之以"发现者"命名，极大地迎合了儿童的好奇心，也令那些童心未泯的成年人喜不自禁

我的第一台索尼（收音机），面向新一代（儿童）设计

3.明示义与伴示义

原田昭在《产品造型与评价》一文中指出，从产品中可以读取两种意涵：价值意涵与意象意涵。前者主要指产品的功能、耐久性等，即明示义；后者指产品造型给人可爱、有趣的感觉或个性、文化等，即伴示义。伴示义是以明示义为前提的，没有功能（明示义）的产品不成为真正的产品，伴示义也就毫无意义。现代产品正面临同质化的趋势，因此设计创新的竞争取决于是否在既有的、相似的价值意涵（明示义）上追求意象意涵（伴示义）的差异与创新，也就是通过改变产品表现形式的能指，在有效保持功能、操作等外延意义的同时丰富其内涵意义。

因此，在符号学意义理论观点的启发和参考下，设计符号意义结构的解读具有大致的相似性，也同样具有复杂的面貌。作为产品设计，其面对的主体对象、符号的语境、符号形式的构成和尺度、意义的重点与体验的过程等，与建筑设计、平面设计等都有很多不同。因此，其意义呈现的结构有其自身的具体特点。

外延性意义

一、外延性意义

外延性意义是与符号和指称事物之间的关系有关。它在文脉中是直接表现的"显在"的关系，即由产品形象直接说明产品内容本身。它是一种确定的、理性的信息，例如产品的构造、功能、操作等，这是产品符号存在的基础。

在产品设计中，人们经常通过功能性的描述，使被指称的产品具体化。例如手机在"外延性意义"上代表"可通过声音（或影像）进行沟通的电子产品，包括按钮、显示屏及听孔等"。自然而然，形式与功能的对应关系也就相应形成，即"Form Follows Function"。外延性意义借助形态元素或特征事物（包括其他五感的表征），例如电视的荧幕、手表的表盘或音响的喇叭，来表达功能及使用上的目的——即不同产品的识别、不同功能、不同规格、不同的操作等，即物理属性。

摩托罗拉 TC55 触摸电脑，通过荧幕、前置扬声器、触笔、密封处理等体现其时尚、稳定性和耐用性好的外在意义

一切产品和物品都通过符号的表征元素及物理属性，有机地作用于人们的视觉、触觉、听觉等感官，形象地展示其功能、属性、特征、结构间的有机关系，并以感官上的导向对产品的使用者进行操作行为上的相应指示。使用者将这些明示的语意，结合以往的生活经验，作出"这是什么产品"、"如何使用"、"性能如何"或"可靠性如何"等逻辑判断，从而进一步理解产品的效用功能和掌握使用方法。

许多传统的物件，例如书、笔、餐具、电话机（拨盘式）等，由于有长期的学习和体验，其一直沿用的造型能够充分解释自身的功能，不易让使

电视机产品细节的功能描述或操作提示

用者产生认知及操作上的错误，同时也使人产生了习惯性的操作记忆。然而由于微电子化、集成化、智能化的发展，现代高科技产品的信息含量越来越多，而产品造型依附于传统形式的程度却越来越小。这就需要通过探索设定形式与外延意义的对应关系（即造型符号），来引导人们对产品功能的认知。例如丽萨·克诺等设计的"电话簿"电话机，借用了对日常生活中"个人记事簿"的参考，通过生活中熟悉的旧物品来创造一种可视的新使用暗示——该如何使用它、它正处于什么状况、如何适用于日常生活等，这些使其更加简便实用，令人感到亲切。它作为产品语意学的成功运用获得了芬兰造型艺术大奖。

　　因此，科技的发展使许多电子产品具有更多、更微妙的功能和更复杂的操作程序，如何使产品在外延意义层面上更好地被消费者认同、更具易用性，成为信息科技时代产品成功的关键所在。总之，外延性意义主要在感觉和知觉的阶段发生作用，是客观和相对稳定的，它的存在使设计师形成了"功能性"的原则，在现代主义时期最受重视。

办公椅，赫曼米勒公司。有机几何形状与透明靠背外壳提供高水平的适应性，支持不同姿势

索尼 PCM-D50 录音笔，专业感的外观展现录音的高品质与操作的便捷性

"电话簿"电话机。四页薄板是电子开关，翻查它们时，机器可以转换四个功能模式。它本身可带来功能指示：当翻到"外出留言"那页时，电话机就会转换模式记录我们的留言

游戏手柄形态元素的功能提示

二、两个分层

1. 识别层次：功能性的形态整体特征——这是什么产品

这是外延性意义中首先对产品符号接触者起作用的部分，主要是产品功能性的形态特征所散发出来的意义，起识别和辨认产品的作用，即"这是什么产品"、"功能是什么"等意指内容。

首先，应该说每种产品都有其特定的行业归类与典型特征。每个产品由于主要的功能、操作使用要求、基本结构形式、使用环境、市场习惯等因素，在长期发展中自然形成了本类产品固有或类似的功能意义特征。而这种功能意义的特征，多与整体形态的造型、大小、尺度及主要功能面的重点特征细节等有关。例如等离子电视大多都是扁平状、竖直的；手机基本是小型的、长方体扁平的，通常不会是异形的；专业型数码相机的识别特征来自其特定的形态，包括具精细感与高品质的镜头、便于手握及控制的数码后背组成的整体。又如传统电脑机箱之所以多是特定的长方体造型也是因为其类似的形状、尺度和结构，以及正面光驱、按键、插孔等特征性功能细节，所以才有特定的识别。可见，功能性的形态整体特征，俨然就是产品的身份识别的表达，帮助使用者辨认"这是什么产品"。

其次，设计师也要很好地了解产品原有的行动特征，并把这些行动特征应用到新的产品上去。所谓行动特征，即人们已经把产品原有的特征，例如门的形状、门的结构、门的位置以及它的含义，同人们的行动目的和行动方法结合起来所形成的整体。例如自行车、手动工具或者牙刷等都具有类似的行动特征。所以，在一般产品的设计中，由于行动特征的存在，人们得以轻易理解它的功能和使用方式，而无须重新学习。前面提过，人们从小在大

尼康专业数码相机的识别特征来自其专业的特定形态及细节

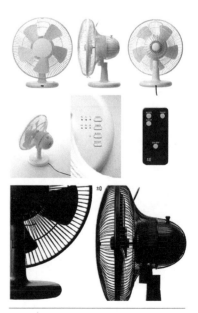

±0 推出了第五季新产品——±0 的电风扇设计，深泽直人（Naoto Fukasawa）设计

无扇叶风扇，结合烘手机的原理创新气流的
方式，戴森（Dyson）设计

±0 的 8 英寸 LCD，传统有熟悉感的 CRD 的
外形，深泽直人设计

当一个简单的物体需要图片、标注或者介绍
时，这个设计就是失败的。

——诺曼

量的生活经验中，通过适应和归纳的学习，积累了许多这样特定的知识和经
验，其中就包括产品的几何形状的象征含义。因此，设计师应当参照这个"经
验"的库，设计师应当采用人们已经熟悉的形状、色彩、材料、位置的组合
并与人的行动特征结合，来表示特定的功能和操作，以帮助使用者的认知理解。

一方面，当代的信息科技产品盛行极简主义设计，在此背景下，科技
产品（本身工作原理不同于机械产品）越来越简洁的几何形状的"黑匣子"
导致使用者往往无法感知它的功能识别——功能、特性和操作。另一方面，
不断出现的新功能产品，也需要形成产品形式与外延意义间新的对应关系表
达（与传统的关系并非毫无联系）。因此，设计师需要创造新的组合法则，
通过其新的功能性的形态特征，帮助使用者在新背景下的功能认知。

因此，对于功能识别性形态的创造，可以详尽地理解产品功能所指和
内部的工作原理，了解以往类似产品在机械时代的表达特征，以及其相关物
品的特征细节与联系线索，例如打印机可以联想到纸的特征，烤面包机可以
联想到烤面包时热气腾腾的情境等。最后，在信息电子时代"轻薄短小"的
造型自由的基础上，对传统特征进行适当的取舍调整——打散、删减、放大、
组合等。

总之，这种通过形态符号性表现的创新来展示产品识别与功能，有助
于打破原有形式的桎梏，建立起新的意义联系。例如花瓶并非只是传统常见
的造型，关键在于置物及固定花卉的功能，由此观点出发就会引发新的设计
思路。又如深泽直人设计的 8 英寸 LCD 也是如此。

2. 使用层次：功能性的界面传达——怎么用

这是产品外延性意义的另一部分，即表达用户应该"怎么用"，具体
来讲就是如何使产品易于理解与操作。在这个层次上，功能性的界面传达包

括显示功能的操作程序（指示性）、将正确的操作传达给用户（易用性），以及同时增加某些细节的象征意义，主要涉及的是产品界面的各种符号元素与内在功用之间的逻辑关系。这对目前以信息化软件和图形界面为特征的智能产品或移动设备设计具有相当现实的意义，已成为很多设计成功的关键，例如苹果的 iPhone、三星智能洗衣机与冰箱（CES2012-2014），它们的智能界面指示就提升了产品与用户间的互动关系。

　　如果需要一个标示来表明它是如何运作的，这件产品就是贫乏的设计。而语意学设计与现代主义功能产品相比，虽然都注重功能的表达与沟通，但它更力图通过形式的自明性（即自我表达）来实现这一目的。也就是说，好的设计可以在人们直觉的基础上，使产品的目的和复杂的操作方法、操作程序能够自我正确表达、不言自明，而不是要附加说明书来解释它的功能信息和意义；好的设计要符合使用者的认知行为需要（习惯性反应），不一定是通过内部的结构来确定产品的外部形式。因此，功能性的界面传达不仅要考虑产品操作界面的整体关系和流程，而且还要考虑具体的操作符号细部，例如把手、按键、旋钮等；不仅要考虑硬件的实体部分，而且也要考虑软件操作界面部分以及使用的情境。界面系统中的每一个符号要素，都具有特定的指示意义。

　　艾柯也指出，从传播技术的角度说，形式必须十分清楚地指示明示功能，使产品的操作不仅成为可能，也变得值得追求。也就是说，设计要引导最合适的功能实现的动作。因此，把从符号认知出发的产品语意学理念用于使用界面设计，就是要在视觉交流的象征中体现某种程度的"行动经验"，使每种产品、每个部位和旋钮开关都会"说话"，通过形态、色彩、结构、材料、位置等来表达象征自己的含义，"讲述"自己的操作目的和准确操作方法。

伊莱克斯吸尘器 UltraOne，位于两侧的操作按键、信息图形显示的大屏幕以及优雅线条的拎手表明其易于操作

不同形状、大小或颜色的按键代表不同的功能指示，无需用文字注解，形象地体现功能与操作

旋钮的方向语意及状态显示

各种按钮的操作语意表达

各种优秀的界面语意设计，功能意义清晰，表达形象生动

例如圆形按钮作为界面要素时，在形态上能给人以柔和、亲切感，并可提示具有旋转功能。但这决非完全墨守成规、照搬以往，可以加入创造性的元素，在方便使用者理解和操作的同时，使其体验到新的乐趣。

因此，需要在产品形态、色彩、材料与质感等符号元素与内部功能因果关系的指导下，通过一定的指示性设计，传达出该产品的使用方式和操作方法。具体可以通过特定造型或细节的形态相似性来实现特定的使用方式的提示，告诉人们在哪里可以按压、可以抓握，并引导人们以直觉的方式自然地操作。例如手工锯的握把或美工刀的进退按钮处的负形，易于手握或手指操作；圆形按钮顶面多是微微凹下去的弧面，人们通过联想就会使用手指按压这一操作方式。此外，还可以通过特定的比较联系，例如旋钮周围的凹凸纹槽的多少和粗细暗示是微调还是粗调。

诺曼在《为谁而设计》提出了许多有参考价值的原则，例如设计在任何时候都让消费者感觉使用简单直观，不受经验和知识的影响；对象物要醒目，反映信息明确；操作中通过视觉就可以了解产品功能，要有明确的操作提示。

李乐山教授在《产品符号学的设计思想》中也指出要注意五种语意表达：第一，产品语意的表达应当符合人的感官对形状含义的经验。人们看

到一个东西时，往往从它的形状来考虑其功能或动作含义。看到"平板"时，会想到可以"放"东西或可以"坐"等。"圆"代表可以旋转或转动的动作，"窄缝"意味着可以把薄片放进去。设计要注意用什么形状表示"硬"和"软"？"粗糙"、"棱角"对人的动作具有什么含义？

第二，产品语意表达应当提供方向含义，包括物体之间的相互位置、上下前后层面的布局的含义、操作方向的提示。任何产品都具有正面、反面、侧面。正面朝向用户，需要用户操作的键钮应当安排在正面。设计必须从用户角度考虑产品的"正面"、"反面"分别表示什么含义？用什么表示"前进"、"后退"？怎么表示"转动"、"左旋"、"右旋"？用什么表示各部件之间的相互位置的关系。

第三，产品语意表达应当提供状态的含义。电子产品有许多状态，这些内部状态往往不能被用户发觉，设计必须提供各种反馈显示，使内部的各种状态能够被用户感知。例如用什么表示"静止"？用什么表示"断电"？用什么表示"正常运行"？用什么表示"电池耗尽"，等等。

第四，电子产品往往具有"比较判断"的功能，产品语意表达必须使用户能够理解其含义。例如界面用什么表示"进行比较"？用什么表示"大"、"小"？用什么表示"轻"、"重"或"高"、"低"等的含义。

第五，产品语意必须给用户表示操作。要保证用户正确操作，必须从设计上提供两方面信息：操作装置和操作顺序。许多设计只把各种操作装置安排在产品面板上，用户看不出应当按照什么顺序进行操作，这种面板设计并不能满足用户清晰使用的需要。同时设计师还必须提供各种操作的过程。

（参考李乐山. 产品符号学的设计思想. 装饰，2002（4）.）

形式的产生，卡耐基梅隆大学工业设计课程。
指导：Thomas Merriman，Mark Baskinger
（资料来自卡耐基梅隆大学网站）

课题研究　"听"与"说"界面练习

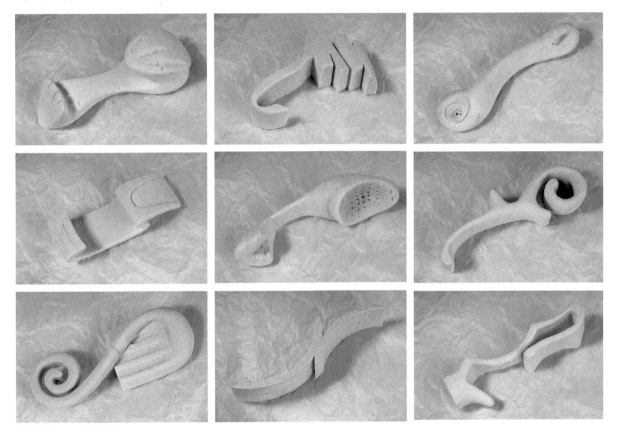

　　用形态体现特定的语意，是产品语意表现的常见途径。"听"与"说"是两个相对的动词，在电话听筒的设计上，其界面的设计往往非常雷同，以至于常常通过尾部的电话线来确定哪个是"听"的界面，哪个是"说"的界面。

　　"听"与"说"这两个词我们可以引申出很多相近的联想：出与进、正与负、聚集与发散、耳与嘴……

　　这个练习希望通过有明显特征的形态，使用户可以看出或体验出相对语意在形态上的具体差异。

　　课程要求：A4草图方案10个，定稿1个，制作模型并摄影记录，时间1周

　　材料：聚氨酯发泡材料

设计：杨韬、李成、胡占彦、王哲、魏笑、汤小燕、肖桦林、余清波、江宁南

内涵性意义

一、内涵性意义

内涵性意义是与符号和指称事物所具有的属性、特征之间的关系有关。它是一种感性的信息，更多地与产品形态的生成相关，是在文脉中不能直接表现的"潜在"关系。即由产品形象间接说明产品物质内容以外的方面——产品在使用环境中显示出的心理性、社会性或文化性的象征价值，包括个人的情感联想、意识形态和社会文化等方面的内容。它比外延性意义更加多维，更加开放。

iMac G3，使用者面对 G3，总是会引发出关于"个性生活"的种种情绪和联想

例如，消费者认为产品有某种现代、简洁的感觉，或通过消费品牌产品感受到一种时尚的生活方式，或从机械设备中感受到一个高性能的、让人值得信赖的品牌和企业形象……

内涵性意义的范围极广，是以外延性意义为前提的，这二者实际上也是联系在一起的。没有功能（外延性意义）的产品便不成为产品，内涵性意义再如何也无存在的意义。内涵性意义不能单独存在，它寄寓在形态、色彩、材质、声音等的隐喻、暗喻、借喻等之中，与形态等融为一体，从而使其成为内涵性意义的物化形态。这种意义只能在欣赏产品符号表象的时候借助感觉去领悟，使产品和消费者的内心情感达到一致和共鸣。

消费者通过产品形态中的象征性符号要素及其组合会产生一定的联想，从而领悟到这个产品"怎么样"。从象征性造型要素中认知的内容，往往是间接的、隐含的，具有较强的抽象成分。因此，要准确理解和体会这种象征符号所表达的意义，必须借助于一定的抽象思维和想象能力。与功能性指示

PHILIPS 无绳电话，有人性化的感觉

新秀丽 Engenero 手提箱，交替的凹面和凸面、表面流线和金属光泽表现出轻松、优雅与奢华的感觉

富士通塔式服务器展现高性能、易维护的科技形象

大泡沫吊灯，有机美学使其成关注的中心，成为一个具情感吸引力的照明产品

符号相比，产品象征性符号的设计与认知更复杂、更抽象与更困难。但从其所认知的内涵性意义来看，较之从指示性符号所认知的外延性意义，则更宽泛、更深刻。因此，内涵性的设计目标经常是最难有效表现的。

内涵性意义，体现着产品与用户的感觉、情绪或文化价值交会时的互动关系。内涵性意义比外延性意义更多维、更开放，常因为用户的年龄、教育程度、生活方式、所在环境以及社会文化背景的不同而有差异。因此，内涵性意义指向并不使产品与其属性形成固定不变的对应关系，即使是面对同一产品，不同的观者有时会理解出不同方向或程度的意义。所以，内涵性意义常把动态的属性传递给不同的人。

对内涵性意义的研究使设计师形成了"适意性"的原则。由于所涉及的内容广泛和不确定性，因此针对其象征价值的不同特性又把内涵性意义细分为：感性层（浅层含义）、表意层（中层含义）和叙事层（深层含义）三方面。

二、三个分层

1. 浅层含义——情感联想

这是消费者基于共同经验和大众记忆的物品联想，对产品造型产生"情感性"的认知结果，本能水平上的感官体验（诺曼）。也就是对美丑的直接反应与喜爱偏好的直接感受，是在设计表达中直接反映的感觉特性，例如现代、稳重、轻巧、柔和、自然、圆润、趣味、高雅、简洁、愉悦、新奇、女性化、高科技感、活泼感等有意味的心理感觉。想象和联想在这种认知的过程中起着激活人们的情感的作用。产品符号的视觉、触觉等外在形象，包括形态、色彩、材质、界面、声音等，总会唤起人们某种积极或消极的联想。而积极的联想将会自然地增加用户对于产品的理解和喜好。

这种情感性的认知一般是"非功利性"取向的。虽然这与消费者本身的个性、感性及成长背景有关，但像对于"杂乱或整齐"、"简单与复杂"、"柔软与坚硬"、"肥胖与瘦弱"这些属于人类共同的视觉经验而产生的喜好或厌恶，则是人类情感直接反应的一部分（这种感性和情感本性的需要不需要任何解释）。

有些产品或物品符号会超脱不同的文化背景，具有各地人们相通的情感意义，使人们产生共同的情感体验。产品中特定的语意符号也会使我们的情感回到过去：某种材料的物品也会提醒我们以前的若干往事，成为我们自己的印象延伸；有些物品会因为过去的记忆，使我们会产生强烈的感情。例如 Superpapa 灯具，柔韧的材料适合灵活摆弄，令人想起母性的乳房或者小时候的堆土墩的随意堆放游戏。又如苹果公司的 iMac 电脑。因此，这种感觉、情绪与情感等有关的内涵性意义是浅层的，也是为大众所基本共享的，反映的是人与物的简单关系。

在消费者没有购买产品之前，正是通过对包括形态、色彩、材质等的感官接触，率先了解产品内涵性的感性信息，它们是产品语意中最有特性的部分。产品的情感意义可以通过富有美感的造型、亲切的人机界面、有特色的色彩和材质、自然或新奇的风格等引发消费者积极的情感体验和心理联想，进而增加消费者对产品的理解和消费偏爱，从而进一步开启和实现人类共同的心灵与精神的操作与沟通。例如苹果的 G5，一反以往圆润、多色彩的电子产品形象，以特有的极简、全铝材质的视觉表现，给人以极"冷酷"的感觉，而这是印象最深刻的，这极大地吸引了崇尚个性的专业消费者。

Superpapa 灯具，柔韧的材料适合灵活摆弄，令人想起母性的乳房或小时候的堆土墩

飞利浦多媒体产品，从"适意性"原则出发设计，体现家庭的传统情感价值

FM 收音机，其造型所散发出的自然亲和的感觉，索登（Sowden）设计

兰博基尼跑车、庞巴迪摩托艇都采用类似的流线型形式，给人以速度感

产生这种情感反应的象征性造型符号有时具有异质同构的特征。例如汽车、飞机、摩托车尽管功能特性不同，但它们通过采用类似的流线型形式（即能指），都给人以强烈的速度感（即所指）。虽然这些设计物之间具有不同的性质，但由于其在形式结构上的某种相似之处，因而消费者从中感受到了相似的感觉。因此，这需要我们在生活中收集各种形象符号，进行整理，然后将它们与目标产品进行连接与结合，从而强调特定内涵性意义的存在。

此外，消费者在多次的产品语意认知中，可能会从某一系列产品造型中持续地感受到相似的语意感觉，逐渐形成相对稳定的感性印象。

2. 中层含义——个性与群体归属

作为一种更深层的认知结果，这种内涵性意义是相关对象（即消费者）、产品和特定的社会环境的互动关系中产生的特定含义，是设计中更深隐含的意义特性，在理解的层面产生（与诺曼反思水平的情感类似）。同时，这也是一种受到外界的影响与教育而形成的共同价值观，为具有一定教育程度和经济背景的部分消费者所共享，并在社会关系的层次上发挥作用。其意义的具体表现可能是一种生活个性、流行风尚或价值观念，也可能是身份认同、群体归属或品牌形象。

作为符号和象征的产品符号，能传递消费者的身份、地位、个性、喜好、价值观和生活方式。现代消费社会的本质，即在于差异的建构。人们所消费的，不是客体的物质性，而是差异（消费符号学）。通过物品符号与他人形成差异，正是日常生活中消费的主要用途之一。鲍德里亚指出："人们从来不消费物的本身（使用价值）——人们总是把物（从广义的角度）用来当作能够突出你的符号，或让你加入视为理想的团体……"所以说，"物"从来

耐克手表体现其"运动的"品牌个性

苹果 iPhone 6 Plus 金色版，成为一流阶层的归属象征

B&O 音响产品，冷静理性的线条，极精致、简练的设计，反映其"拒绝大众化"高贵、独特的品牌个性

就不是因其物质性而被消费，而是因为其同其他"物"的差异性关系而被消费的。这里人们关注的是符号的所指而不是它的能指。正是产品符号之间的关系，使"差异"得以确立。

可见，今天我们很多身边的品牌或个性产品符号，汽车、手机、服装、住宅、手表等，无论是实物还是广告图片，它们的意义都在于建立差异，以此将符号所代表的东西区分开来，从而使消费者可以通过产品符号的消费与使用达到个性的实现，体现现代消费社会"自我实现"的哲学。

同时，这种社会关系层面上的内涵性意义，也是消费者在社会关系中的一种身份认同感、确定感和归属感的表达（即社会化的"我"）。也就是说，符号价值成为新的等级（阶层）、类型划分的标准，是物化了的社会关系。例如苹果手机、星巴克咖啡、奔驰汽车、B&O 音响、欧米茄手表等，都帮助选择该产品的消费者找到其所属的特定群体阶层。因此，乔治·瑞泽尔在《后现代社会理论》指出："通过各种物品，每个个体和每个群体都在

苹果 G5 电脑，以极简、全铝材质的形象表现，凸显其专业级与前瞻个性的品牌形象

寻找着他或她自己在一种秩序中的位置……通过各种物品，一种分层化的社会开口说话……"因此，消费者在选择产品时会更在意其意义表达是否符合自己身份，而非完全关注商品的使用价值。

可见，消费者对这个分层的意义的认知是有一定功利内涵的。由于符号是一个事物代表和指称另一个事物，可以为人理解和解释，因此，在人的社会实践中，社会功利的内容凝结在形式要素的过程正是一种符号化的过程，它使形式要素成为社会功利内容的表征物。所以，当见到这些形式要素时，便会唤起消费者对相应社会功利内容的态度。

此外，值得关注的是，在市场竞争中，这种经由特定的风格体现出的内涵性语意，还体现了商品、经济等外围因素，在消费者心中自然形成对某一品牌产品独具特色的品牌印象，例如 MINI、B&O、宝马、IBM、阿莱西等。产品的品牌形象是人为创造出来的一种虚拟识别，同样体现了上述的社会功利性内容，对产品识别的研究也是由此展开的。它的形成需要企业长期、持续经营与差异化塑造，这对如今同质化的产品则具有现实的意义。

宝马 BMW X5 醒目的双肾形进气格栅，凹凸有致的线条与空气动力学特性，是注重驾驶乐趣与运动特性的、富有的消费阶层的象征

MINI 汽车及其附属手表，体现一种自我的乐趣，是经典、复古的英式生活的社会象征，显然也是一种社会性的群体个性标志

3. 深层含义——历史文化与社会意义

这是最深层的叙事性和象征的意义，是用户根据自身的教育程度、社会经验和文化感悟所体会到的，是在相关对象（即消费者）、产品、社会、文化甚至是政治之间的关系中产生的特定含义，较为隐蔽，为小众所理解（与诺曼反思水平的情感类似）。

这是通过对设计作品的体验达到对设计背后的自我阐释。从作品的深层次感悟中，观者往往结合自身的经验和背景，从中召唤出特定的故事性、意识形态、文化感受、社会意义、历史文化或者仪式、风俗等叙述性深层含义，表现出一种自然、历史、文化的记忆性脉络。例如，哈雷摩托车所引发的是对第二次世界大战后特殊美国文化的怀念，是象征着激情、自由和狂热的精神符号和美国的文化象征。同样，Vespa 踏板摩托车，是著名电影《罗马假日》中派克和赫本风尚生活的标志，被加载了浪漫的爱情故事之后，再次解读这件设计作品，那些熟悉这一背景的人将其作为乌托邦式意大利生活的象征，和战后年轻人对过去时尚生活的一种回忆。

事实上，设计师总是乐于在纯艺术作品、现实场景或文学作品中寻找某种灵感，并最终将其演变为设计作品。其中，观者理解的角度和程度因人而异、因时而异，与其教育程度、文化背景和社会思考等密切相关，部分具有相应的知识背景、生活体验以及欣赏能力的观众，则能破解和诠释其中的隐喻，与设计师形成共鸣，获得更深层次上的情感体验。

有些产品试图通过特定的文化符号及特定组合，唤醒我们记忆中久远的地方文化记忆和思想认同，这是由特定的语意设计所达成的信仰、仪式、迷信、吉祥物、特征物等的符号互换，从而建立起地方文化的连续性。例如鸟巢所展现的多种文化意象就让观者感受到中国传统文化的意义以及与自然

哈雷摩托，美国文化的象征，一个机器和人性融合为一体的精神象征，并深刻影响了其消费群的生活方式和价值观

日本茶道茶具

斯塔克设计的幽灵椅（Ghost Chair）

内涵性意义分类表

的关联。茶道中的茶具，人们在使用它时，更多地在于通过这些器物以及仪式般的使用过程，使人体会坚忍、纤细、精致、略带感伤的禅意，感受文化的意境。又如斯塔克Ghost Chair椅，表现了18世纪法国以精湛工艺著称的"路易十五世"装饰艺术风格与当代的对话。因此，正如乔治·尼尔森（George Nelson）所说的"器物是文化遗留在它专属时空中的痕迹"，特定的产品符号可以在与人的互动中传承和更新文化的意义。

另外，产品中的某些象征符号（隐喻）又会与某些特定的社会现象、故事、责任或理想发生内在的关联，引发观者有关社会意义的深刻思考。例如斯塔克为Flos设计的"Collection guns"灯具（2005），就有着丰富而深刻的社会意义：武器是一个时代的符号，金色的武器象征着钱和战争的勾结，黑色的灯罩代表死亡，而金色的武器与黑色的灯罩的符号结合，表现出作者对于和平、战争、死亡、疯狂、贪婪等复杂性的社会思考，体现出对新世纪的思考与向往。可见，如前所述，最深层意义应该来自社会中的意识形态（费斯克等），反映主要的文化变量的概念，支撑特定的世界观。

内涵性意义分类	表现	意义共享范围	反映关系	属性特征	案例
感性层	情感联想	大众基本共享直接反映	人—物 关系	感性	
意义层	个性和群体归属	中众共享间接认知	人—物—社会 关系	差异性	
叙事层	历史文化和社会意义	小众共享深层体验	人—物—社会—文化—政治 关系	社会性文化性	

Vespa，《罗马假日》中派克和赫本风尚生活的标志，如今已成为乌托邦式意大利生活的象征，是战后年轻人对过去时尚生活的一种回忆（上图）

新型 Vespa 摩托车延续 50 多年的历史记忆，是一个有"历史意义"的更新设计（中、下图）。右中、右下图为最新款 Vespa 946，沿用了早期车型"MP6"的车体比例和 1946 年生产的第一台踏板车的名称

　　总之，这三种不同层面的内涵性意义在消费者的语意认知中，总是互相关联、互相影响。持续的情感的塑造，帮助形成了个性与价值观的形成；而固定的品牌、文化、社会的印象和观点，则不可避免地影响到消费者对产品直接的情感反应，并通过这种情感性反应加以表达。但要注意到，这些不同层次的内涵性意义常是不对称的，因其产品的性质、来源、品牌、环境与社会中角色的不同而不同，即使是同一功能产品，也会因设计师介入与使用者诠释的角度不同而不同。而且，并非所有的产品都有丰富的历史文化与社会意义。

"Collection guns" 灯具，引发社会意义的思考，
意大利 Flos，斯塔克设计

无骨架宣纸灯，散发出传统文化
的魅力，辛瑶遥设计

课题研究 商业品牌语意的延续研究
——品牌体验下的附属产品设计

在与产品相关的要素中，消费者对产品物质功能的关注正在发生变化，商业品牌对于产品设计的意义越来越引起设计师和消费者的注意。这促使我们把视点从以往形式与功能的意义联结向品牌的概念和识别转移，更加地深入研究商业性和社会性的因素在设计中的影响。

一、品牌的语意及体验

品牌是商业性竞争的重要标志，它是人为创造的虚拟的意义识别。品牌试图赋予产品以生活的意义，同时也给予产品以独特的个性，体现各自之间的差异。品牌属于产品的内涵性层面的语意，它往往依附于产品具体的有形因素——例如形态、功能、材料等，通过特定的产品语言加以表现。

作为产品开发的重要影响因素，品牌与产品的各个要素发生着内在与外在不同程度的关联，极大地影响产品的外在视觉符号的表达。同时，这种品牌特定的意义，也同样在产品周围的附属性设计中存在并反映出来，例如广告、包装、展示、服装、建筑、附属衍生的产品等，形成整体的意义氛围。因此，品牌作为商业社会的特殊现象，它的周围综合了社会、文化、市场的多种因素，它对消费者的影响已经大大超越了产品本身，融合和影响了周围特定的人、物、事，这些都使得品牌成为一种综合性的特定社会文化。而产品发展过程中沉淀下来的风格是品牌的特定精华，在有形和无形方面影响着产品的设计走向。

有历史内涵的经典品牌或个性品牌

Jeep 品牌风格衍生的消费电子产品

因此，在课程中应关注和研究品牌文化的特定魅力及影响，选择有历史的特定品牌，如保时捷、苹果、哈雷、ZIPPO 等，深入感受与品牌相关联的人、物、环境与事。在调研分析中，要重视特定品牌的体验之旅——如品牌发展历史、概念、背景、路线、标志产品、风格语言（变化）、形态、色彩、材料、使用、界面、特征性细节、标志、商业展示、广告、音乐、摄影、故事、品牌忠诚人群、附属产品等一切的体验方式，并归纳明确的视觉特征和关键词语。此外，深入了解有代表性的消费群，或有该品牌情结的消费者，甚至是与之意义相关的其他生活物品或概念文化，以上都是体验品牌语意不可忽视的途径。这些将形成综合性的品牌语意情境。

哈雷摩托车的历史。它以其纯金属的坚硬质地、炫目的色彩、大排量大油门所带来的轰响，让战后迷茫的年轻人发狂，成为浓缩了激情、自由和狂热的一种精神象征。

哈雷摩托车附属产品开发，包括镜子、收音机、钥匙环、烟灰缸等(选自《产品设计》005 期)

二、品牌语意体验下的再设计

研究产品的品牌，这本是广告学或商业范畴的知识，但与产品语意设计的交叉同样会成为创新的有效手段。一方面，课程的重点可以放在如何研究延续和发展品牌的语意风格，在传承品牌语意的过程中研究产品语言的延续与创新，如高尔夫4和高尔夫5、索尼的产品等。另一方面，可以通过植根自身品牌内涵，抓取品牌中的特色部分，结合市场变化，开发品牌附属衍生产品来创造新的流行焦点。例如宝马MINI汽车就通过多个附属产品来诠释其品牌的语意：MINI收音机、闹钟、儿童赛车等，都以其一贯的语意风格贯穿，都在"叙述"MINI的故事，延续并丰富MINI品牌的形象。

因此，设计师可以从一些旧有的形象上，借用一些共同的、特征性的记忆符号——形态、色彩、材料等特征风格或细节局部，结合新的背景与审美，来创造产品语言的历史性延续与熟悉感。

此外，这也可以是新产品开发中的"语言"借鉴，一种产品语言的移植，如设计手机时其语言描述定位于"精确、流利"，就可以研究和借鉴其他具有类似语意特征的品牌产品，例如宝马汽车的锋利线条、阿玛尼西装的线等。

总之，这种品牌语意的体验和再设计的过程是对产品语意设计的新的思考，也是一种交叉性课程的探索，有助于形成综合性的思考和培养特定方向下产品语言的控制能力。

三、课题要求

1. 前期作业

产品品牌语言研究（幻灯片）。深入研究著名品牌的发生、沿革、路线和

可口可乐的附属产品，迷你手提冰箱音响

MINI品牌汽车手表与拖包，通过其附属产品进一步诠释MINI品牌的意义，形成品牌语意延伸的魅力

Vespa 品牌语言研究
Vespa 风格小型音响、烤面包机、旅行冰箱
设计：沈于睿、杜翀、王莉

该音响的设计选取 Vespa 机车特征性的尾部，延续大气且注重细节的特点。界面设计有新意，机车的小细节在操作界面和扬声器等细部巧妙出现，整个色调如意大利的浓浓咖啡

产品风格变化，并通过特征性细节对品牌特征进行定义，进而确定设计概念和所拓展的方向重点。充分运用信息图表与比较图示，作精要文字分析。小组合作。

2. 后期作业

要求在继承该品牌语意的基础上，开发新的产品或品牌附属衍生产品。完成最终设计文本，内容包括：品牌风格研究、特征归纳、设计定义、效果展示、设计细节及使用场景等。

PRODUCTS REVIEW

MODERN STYLE

烤面包机的造型符号明显借用 Vespa 的尾部，延续其经典、优雅的风格设计而成。散热孔和"Vespa"金属标记，使人联想起两轮的摩托生活

Ferrari Musician

系统设计课程指导老师：张凌浩　殷润元　学生：寇丹　班级：工设 0103（工）　日期：2004 年 4 月

= music

法拉利（Ferrari）品牌语言研究
法拉利风格滑板、手机、音响设计
设计：寇丹、史永佳、马屹巍

红色、流线型、宽大的跑车轮胎以及巨大的进风孔等，构成了法拉利品牌风格的视觉特征基础。该音响设计以其富有想象力的符号及重构

式的处理表达，配以红色的汽车烤漆，成为一个有激情的出色设计。

红色法拉利向来是速度、美学与激情的象征。其标志性的红色、流线型及侧面的进风槽等是引发观者激动心情的特征物。滑板和手机的设计，都较好地反映了这种风格

F1 赛车风格语言研究
F1 赛车风格手机、音响设计
设计：吴坚、曾嵘

该汽车音响借用 F1 赛车流线的外形、低矮的车身，宽大的引擎进气口的特征性符号来传达 F1 所代表的意义，并进行适当的符号变形和重组，使人感受到由内而外的红色激情。

流线型带来的速度感及红色车身、黑色轮胎所形成的色彩对比无疑是 F1 的鲜明特征。该手机通过平滑流线的形态语言和细节设计，引发对不断向前的 F1 精神的积极体验

第四讲 语用：产品语意的传播与理解

产品符号传达的模式

产品设计和意义表达，两者之间存在着某种程度的对应关系。因此，把产品在设计师和使用者之间的互动类比为表达意义、传递信息的过程，将有助于我们基于传播学的理论来重新看待产品语意设计，并以此来探讨"产品语意设计传播"的有效性。

一、传播的理论模式

传播，即 Communication，源于拉丁语的 Communis，意思就是对某种东西的共同分享。在信息高度开发的社会中，社会的命脉就是传播，足见传播的重要性及其影响的广泛性。传播学是研究人类一切传播行为和传播过程发生、发展的规律，以及传播与人和社会的关系的学问。简言之，传播学是研究人类如何运用符号进行社会信息交流的学科，当然也包括设计符号。

1. 拉斯韦尔模式

较早研究信息传播且有代表性的人物首推美国学者拉斯韦尔（Lasswell），他在 1948 年的《社会传播的结构与功能》一文中，首次明确提出了传播过程及其五个基本构成要素，即谁（Who）、说什么（What）、对谁（Whom）说、通过什么渠道（What channel）、取得什么效果（What effect），并按照一定的结构顺序排列起来。即传播者、信息、媒介、受传者和传播效果，这就是著名的拉斯韦尔 5W 模式。

拉斯韦尔并据此提出了传播学研究的五大部类：控制分析，即对传播者和信息来源的组织背景的研究；内容分析，即对传播内容即信息的研究；媒介分析，即对不同传播媒体的研究；对象分析，即对受传者的研究；效果分析，即对传播活动，对人的态度、价值观和行为等所产生的影响进行研究。这个模式简明而清晰，是传播过程模式中的经典，初步揭示了传播过程中的复杂性，在大众传播中得到了广泛应用。但也要注意到，它忽视了反馈要素，是一种单向的而不是双向的模式；其次，这个模式没有重视"为什么"或动机的研究问题。

2. 香农—韦弗模式

香农（Shannon）和韦弗（Weaver）在 1949 年出版的《通信的数学理论》

拉斯韦尔的"5W"模式及相应环节的分析

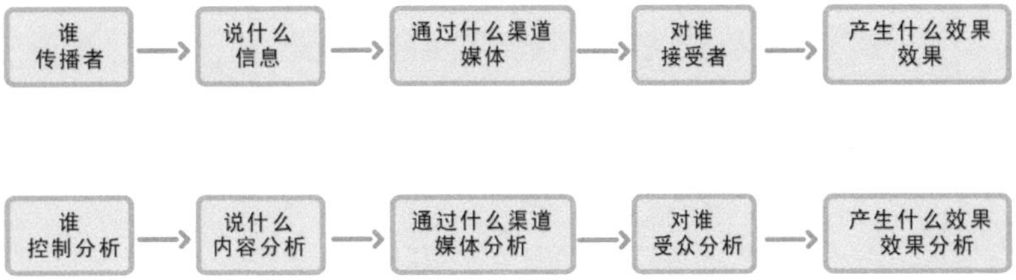

一书中提出了新的传播理论模式,本是为解决工程技术领域的问题而提出的,但该理论在传播学领域得到了广泛的应用,具有最重要的影响和启迪作用。

这一模式原是单向直线式的,但是,他们不久就将这一模式,加入了反馈系统,并引申其含义,用来解释一般的人类传播过程。把传播过程分成七个组成要素(包括后加入的反馈要素在内),是一个带有反馈的双向传播模式,这一模式是使用图解形式表示的。香农—韦弗模式旨在说明传播过程中的技术问题,而对传播的心理因素(例如人的因素、社会因素)及信息的意义并未加以考虑。因此,在应用这一传播模式分析设计过程时必须认识到这一不足。

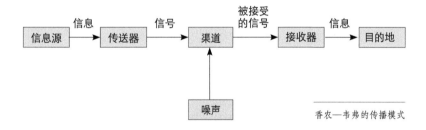

香农—韦弗的传播模式

3. 施拉姆模式

1954年,施拉姆(Schramm)在香农—韦弗模式的基础上,对其不足之处进行了改进,提出了关于"经验范围"的传播模式(《大众传播的过程与效果》,1954)。

这一模式强调传受双方只有在其共同的经验范围之内,才能达到真正的交流,因为只有这个范围内的信息才能为信息发送者与接受者所共享。这一模式同时也强调传者和受者都是积极的主体,受者不仅接受信息、解释信息,还对信息作出反馈,传播是一个双向的互动过程,这对产品符号的设计有启示作用。施拉姆模式同样能说明香农—韦弗模式所关心的技术问题，但主要是用来强调信息的接受与对信息的理解等方面，涉及传播的心理因素。

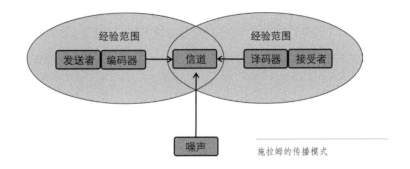

施拉姆的传播模式

二、设计符号的传播

由于设计信息的传播同样是以符号为媒介，来实现彼此意义的传达与沟通，所以把香农和韦弗的传播模式以产品符号语意的说法稍加转换，就成了以下产品符号的传播模式（《建筑与记号》，陈其澎）。

具体来看，产品符号语意传播的要素主要包括设计师（传送者）、使用者（即接收者）和产品符号（包括形态、色彩等）、设计的编码、理解的译码、最终的效果与反馈等。其中的核心无疑是三者之间的编码与解码的过程。由这些要素构成的设计符号的传播过程，可以理解为"设计师把概念信息进行符号编码，通过某种传播管道（销售场合、使用场合、广告画面等中的产品）传播出去，使用者接收到（受一定干扰的）符号信号，并经译码了解设计符号的意义，并且产生一定的效果和反馈"。这里主要涉及三个层面的问题：

Jasper Morrison 这样评价 Naoto Fukasawa，"他擅长将幽默、概念和功能融合到一起，非常自然，人们可以很快接受，无需任何说明。他在直觉层面传达物体的意义，我们无意中接受他的信息，伴随这一种交织混合的感觉：明白设计里面的聪明得到的快乐以及操作一件新东西的惬意。"

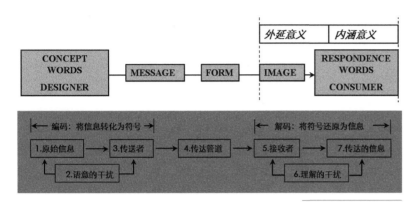

产品符号语意的传达模式

第一层为语意问题：设计师需要考虑的设计符号，如何正确地传达出所想表现的信息。

第二层为技术问题：设计师需要考虑传达的符号，如何准确地传送出去。

第三层为效率问题：接受后的信息，如何有效地影响用户（接收者）理解到预期的目标上。

这三个层面并非是封闭的，而是相互关联、彼此依存的。值得关注的是，设计师和消费者本身（人的因素）、社会语境因素在其中有着重要的影响。

从产品符号的传播模式来看，语意的运作发生在编码和解码的阶段之中。由于产品设计是一种复杂的心智活动，如果不从传播的整个过程来进行了解，光从以往设计师部分的角度来研究如何进行编码，则会很受局限，不利于真正了解产品造型语意有效传播的本质。事实上，很多产品语意学引发的过度形式化之争，也正是在于设计师对使用者的解码缺乏深刻的理解。施拉姆模式正是注意到了这一点，提出了尽可能在发送者（设计师）和接收者（消费者）双方"经验范围"相同的部分构成有效的意义传播，并以此为基础，逐步扩大接收者（消费者）的"经验范围"。这些与伽达默尔的"先见"

西班牙 BD 躺椅，亚米·海因（Jaime Hayon）设计。在这简单与俏皮、中世纪时髦风格的设计符号中，经典与现代融合的多种意义在其中传播

伽达默尔的"视界融合"

与"视界融合"的概念相似。此外，真实的产品设计过程也包括了用户的反馈与互动，体现了双向互动传播的过程特征（施拉姆）。

值得注意的是，这个看似简单的过程，在日益复杂的信息社会的背景中，其对现代产品符号的设计更加具有指导性：即产品语言只要意义编码简洁明确，并建立在相似的"经验范围"上，就能一方面使意义传播快速有效，另一方面也建立起设计师、企业与消费者之间的意义沟通。

因此，鉴于传播学重点研究人与人之间如何借传播的作用建立一定的互动关系，产品语意学的设计也是希望通过产品符号语意的传播来探讨设计师和用户受众之间的关系，其内容涉及符号意义的产生与获得、符号的加工与传递、意义与对象的交互作用、效能与反馈等。所以，我们既要对设计传播过程进行整体了解，也要关注具体的坏节，只有这样我们才能达到提高语意设计传播的效果和精确度的目的。

设计编码

一、何为编码——意义的表达

传播过程中，在发送端将信息转换为可以发送的信号，我们称这一过程为"编码"。而设计的编码，具体指将源概念信息按照特定规则转换为一种特定的设计符号，并能够在后面被用户还原。

概念信息是设计传播的内容和事实，这些概念信息是不能凭空传送出去的，必须转换为某种可视、可感及可触的设计符号，通过（特定环境中）具体的产品互动才能传送出去。设计师总是以信息符号的转换、向消费者的信息传达为方向，即根据一定的经验性的形式法则，选择特定的造型符号进行编码，设定某种模式，同时强调以形态、色彩、质感等要素的类似性和相异性，特别是联想性，来增加产品的注目性和吸引力，进而自然组成一种具有特定语意结构的产品语言，以积极传达所产生的各种信息——设计的概念、外显的实用功能信息、内含的情感信息以及种种只可意会的象征意义。

LAMY scala 书写工具，将基本几何造型的对比表面融合为一个和谐单元

设计师作为信息的传送者，更为重要的是，他们同时也是产品符号形式的创造者。设计师在界定了需要向消费者传达的信息后，通过块面的结合、线条的变换、材质的搭配、色彩的配合等为人直接感知的形式要素的运用乃至整体的形体构成，把自己需要向消费者表达的原始信息，进行合理有序的编码，转化为一定的造型符号或产品语言，抽象集中地加以表现。这种产品语言具有语言学方面的许多类似特征，如复杂性、生成性、系统性、关联性、历史性、地方性以及某些心理的、社会的意义等。这些符号化的形式因素，积淀了人类长期的经验，直接影响人的情绪变化，并伴随丰富的联想和想象。许多有影响的设计作品，都有着共同认知的原型意象和相似的美学意识。虽认为主要是设计师个人审美意识的表达，但从更大程度上看，这种审美观体现了一定社会人群的共同的经验或特征。

参数化灯具，展现自然主题与工艺之美，王筱蕾设计，沈杰指导

当然，这其中除了若干设计原则的制约外，不可避免地融入了设计师的个人选择。产品语言是设计者为表达概念、精神或文化观念，寻找形象，在形象中抛弃、拣取、拼凑，选择与主观情感、思想能糅合的来塑造形象。这种选择实际是客观物象主观化的过程。正如苏珊·朗格在《符号学美学》中所述，产品形态的意象表达，总是选择能引起某种联想的具体物象来抒发内心世界的特点。所以同样功能的椅子，类似的材料与结构，却因不同设计

Kaos，碎的纹理，深泽直人设计

悉尼歌剧院的图像性编码

色彩的抽象模拟，更多的是人对原有事物在记忆中保留的固定印象的借用，是一种图像性符号。左图中的手机有糖果般的效果

形态的抽象模拟，两者之间的联系不一定是本来就存在的，而更多的是通过形态的符号化演绎，带给使用者一种似曾相识的感觉。右图为韩国三星音乐产品

师的思考会形成不同的符号表现。

可见，产品、建筑等设计物具有意义，不是因为设计物客体本身具有意义，而是因为有了设计师和营造者的工作（即编码）之后才具有意义，即灌注了设计师的思想和情感后才真正被赋予意义。

二、三种编码的途径——图像、指示、象征

优秀的产品设计师在对各种设计语言的片段进行编码时，会通过各种途径来探索符号形式的感觉和情感、意义表达的效果。设计语言的编码途径具有符号学的类似特征，都是在事物之间的相关性及其连带关系基础上的联想在起重要作用。按皮尔斯的符号分类法，可以把它们大致分为三类，即图像、指示、象征。马克斯·本泽也指出："图像性与适应、指示性与接近、象征性与选择有关，我们把这些行为方式作为人的基本的符号学行为方式，因此，设计对象也可以进一步通过适应、接近和选择来表现。"对设计编码途径的探讨，将进一步揭示内在的运作机理。

1.图像的编码途径，比较直观，是显而易见的表示，往往通过"形象相似"

的形式间关系来达到，即模仿或图拟存在的事实，借用原已具有意义的事物来直观表达设计的意义。这种联想最简单，产品形象特点鲜明，表现力也很强；带来的效果反应也最直接，且不易产生误解。例如安娜启瓶器、企鹅冰箱、香蕉形包装（深泽直人）等仿生的产品设计就是常见的例子，建筑中也有英国建筑师伍重设计的悉尼歌剧院、诺曼·福斯特设计的首都机场 T3 新航站楼、扎哈·哈迪德设计的广州大剧院（宛如两块被珠江水冲刷过的灵石）等，其形似的符号造型与所应具的功能用途丝丝相扣，都是很精彩的、令人过目难忘的杰作。此外，与手的相适应的产品形象塑造（正负形相吻合）也是另一种图像性的表现。这些无不表明，设计与所模拟的对象具有某些相同的特征。

　　图像的编码可以表现在多个方面。不仅体现在三维的形体上，而且也包括二维的图像，例如产品表面的装饰，一般多以丝网印刷、贴膜等方式实现，也可以是凹凸或开孔等细节。既可以是具象的形象再现，也可以是抽象的形象模拟，还可以是类比性图像编码，即参照现实对象虚拟出对象的表达意义，具有"叙事性"和"说故事"的特点，例如卡通造型的产品通过人、物、事的演绎表现了特定的故事情节或意义。此外，还包括抽象性的几何形图像编

各种从具象、抽象到类比性的图像编码途径：伊莱克斯"大眼睛"Zoe 冰箱（左图）、韩国 Mystic Valley 陶瓷餐具的条状曲线（中上图）、韩国乐扣炊具表面的缝缝图案（中下图）、德国 WMF 的 Big Lounge 碗里面的多边形网格（右图）

Colombo 小鸟门把手，日本设计师 Tomo Kimura 设计

类比性图像编码，斯沃琪（SWATCH）"丁丁历险记"75 周年纪念款手表

码，例如近来一些家居或时尚产品积极应用几何图像以装饰构件的物化形式来表达特定的意义，包括诺基亚 7260 手机的线形装饰、韩国 Mystic Valley 陶瓷餐具的条状曲线、韩国乐扣炊具表面的绗缝图案，以及德国 WMF 的 Big Lounge 碗里面的多边形网格等。

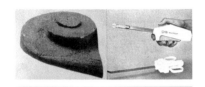

操作语意：旋，按，压，推，拉……
结构语意：转动，滑动，配合……

2.指示的编码途径，是指利用符号形式与所要表达意义之间存在的"必然性或关联性"，来表达设计符号的意义。这种联系可以是时间或空间上的联系，往往通过形态、色彩或二维图形等来表现时间、空间上邻近与直接关联，例如手机界面上的信号强弱、电池使用时间长短，产品电池盒区域的打开标记，交通指示设施等都是常见的指示符号编码的范例。

打印机界面的指示性编码

另外，指示的编码途径也可以是因果逻辑的关系，基于由因到果的认知而构成指涉作用，在产品设计中较为多见，具体指通过产品造型特征部分和操作部分的设计，使产品表现出本身应该具有的外显的功能使用价值。例如打印机的进纸口、出纸口形状和托板的设计表现了进纸与出纸的大小、数量等功能，电子产品的指示灯表明内部的工作状态和操作反映，散热孔的设计表明散热的功能。有的产品的功能性符号（如键盘、屏幕）直接指示了产品的内容（如电脑）。建筑中这样的例子也是很多，例如蓬皮杜艺术中心的外露结构构件和管道、传统建筑中的封火墙、格子窗等。

伊莱克斯 Ergorapido 真空吸尘器的指示性编码

从汽车音响界面到可口可乐、屈臣氏瓶形的各种指示的编码途径

指示的编码途径应多利用人们的日常生活中形成的固定经验，设计出符合使用者行为习惯规范、使用经验惯性的产品形态和细节，帮助人们理解使用功能，例如可口可乐、屈臣氏适合握的瓶形，抓握处的小颗粒突起、硅胶等防滑处理，确定式按钮或类比式旋钮不同的表现，诺基亚 E71 手机后背粗纹设计的稳定放置处理，旋钮顺时针或逆时针转动对大小的表示，都是基于这样的考虑，这些都有助于使用者方便阅读和理解"这是什么"、"能做什么"、"怎么用"的设计信息。因此，这是一种"形即内容"的编码途径，是实效型的设计。

　　3.象征的编码途径。象征符号没有以上两种能指与所指的必然联系，是以人为的传统、规则约定形成，有的往往具有性质上相似性或相关性——是无形上的相似性。例如用鸽子来代表和平，用戒指表达爱情的约定。这种象征符号是建立在能指与所指约定俗成的基础上，它所指涉的对象以及有关意义的获得，是由长时间多个人的感受所产生的联想集合而来，在设计中多是从造型表达的意义上去进行联想，以形象间接表达约定的意义——社会、文化性的价值。简言之，象征符号是对社会文化关联的指涉。

路易威登（Louis Vuitton）箱包的象征编码

　　每一个社会都会使用对自己重要的特定的象征符号（即使在来自其他社会和时代的旁观者看来没有意义的）。在产品世界，我们身旁到处都有象征，德国百灵电器想传达的不是产品而是一种生活形态（1987），路易威登箱包象征的是奢华、四海为家的旅行梦想。差异化、生活形态与文化脉络塑造了产品象征符号的出发点。可见，产品语意理论下的象征编码，反映了社会、文化（还有经济）的背景脉络；通过联想的联系进行编码，产品变成了文化、历史等方面的脉络或者是生活历史的符号（Gros，1987）。

象征符号，依照皮尔斯的说法，是一种与其对象没有相似性或直接联系的符号，所以它可以完全自由地表征对象，象征方式的表征只与解释者相关，他可以由任意的符号贮备系统中选择任意的媒介加以表征，它可以在传播过程中约定俗成地、稳定不变地被应用。（马克斯·本泽等 1991）

柏木小画桌，
云纹牙头小巧
柔婉，画意远
超一般装饰纹
样，明轩藏

2010 年世博中国馆"东方之冠"

以"高山流水"为主题的 CD 唱机设计，刘观庆，
1992

"高山流水"香台，洛可可设计

　　这种编码具体包括两种，一为惯用性的象征符号编码，它是约定俗成的，或本身就具有隐含象征的意义，例如用大屋顶象征中国传统文化与精神，用中国传统建筑的中轴线象征至尊，用明清家具的花纹雕饰象征各种祥瑞之意，清代太师椅靠背与扶手相连象征地位与权力。另一种为综合性的象征符号编码，透过多种意义的联结，通过多种联想来达成另一种新的象征意义。它所表现的是整体的象征意义和特征，而不是单纯的形式美，这是一种极具创意的艺术化手法。例如 2010 年世博中国馆"东方之冠"融合了大红外观、斗栱造型、二十四节气等多种元素，寓意中国文化的精神与气质，象征着中华的鼎盛与繁荣。总之，象征的符号编码多是隐喻式的，是设计师通过对主题的深入理解，在文化脉络中提炼或借用相应的符号语言进行的意义表达，这种方法的应用往往能起到打动人心灵的无声效果。

　　每个民族都有无数的象征符号，这是人类心灵的需求。人们往往凭借着象征的手法去表现那些无法用言语、直观图像诉说的心灵内容。例如刘观庆教授的 20 世纪 90 年代设计的音响，高山流水的形象并非图拟真实的山水，而是对长久以来中国文化中音乐与自然关联的一种探索表达。又如洛可可的"高山流水"香台，香燃起后像瀑布一样沿着卵石构造的石阶倾泻铺展开来，营造东方审美意境与禅趣。以上种种隐喻与象征的表达方式是千变万化、不拘一格的，使产品、建筑等设计具有更强的意义赋予与表现力，更是设计形式得以不断发展的内力之一。设计师与受众都能够从隐喻与象征的编码中获得不同程度的喜悦与满足。

　　许多现代主义产品设计的代表作都是以符号中的图像符号或指示符号形式出现的，主要源自对内部功能、结构与使用的理解，较多地体现理性、秩序、纯净，让各类人都可以感受到产品的功能集合关系和材料结构特征，自然成为不可替代的一种风格。这体现了图像符号编码（形似内容）与指示符号（形指向内容）编码在形式和内容的关系上的一致性，是较为恒定的。而象征符号编码多受外界因素的影响，反映的是一种文化观念，常带有设计者和感受者的文化背景、审美观、社会观念等因素，因而从这层意义上看，它呈现多变性。

　　应该说，这三种符号的编码途径存在一种逐次深化的关系，经历了能指与指涉对象逐步分离的过程，使符号组合日益复杂，信息含量更加广泛。但它们也是同时并存而不可相互取代，在同一产品设计中，图像、指示与象征编码往往同时存在，表达不同层次的意义；即使是同一种符号，也通过三种不同编码途径表达不同层次的意义，例如荷兰马歇尔·汪达在阿姆斯特丹 Blits 餐厅中既用心形象征丰富的爱情，也将以图像符号和指示符号的编码广泛应用于餐厅的各处设计之中。

Melt Chair，新加坡家具品牌 K% 的"black&black"系列家具之一，日本 Nendo 工作室设计。简洁中散发灵动的生机，无疑带有设计者的文化背景与审美观

三、系统完形

　　设计师通过上述三种途径，对各种设计语言片段进行编码或组码后，其结果必然是将它们合理有序地融合在一种动力的、有机的形式系统结构之中。这个结构是由一种内在的秩序联结而成的整体，进而自然地散发出富有活力的感觉和情感。一个优秀的产品设计，不仅是杰出的符号表现，更是优秀的符号系统。产品设计物即是由基本符号语汇要素构建成的立体符号系统。产品设计与这种符号结构的建构有关，不仅形成视觉的结构性图像，而且在人—物的使用关系上形成生理上、心理上的各种作用方式的综合。产品符号系统的最终形成，是经历了具体的创意过程的，通过这个程序，设计师才得

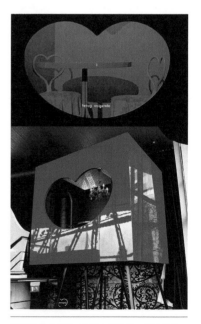

阿姆斯特丹 Blits 餐厅，马歇尔·汪达设计

以充分展示自己的才华和智慧。

在产品设计中，不同部件的符号元素构成了设计的语汇（也即符码），而后这些语汇要素按照特定的功能目的、意义目标、创意概念、美学观念等规范秩序联结成前后、上下、左右、内外，互为依托，进而形成一个系统，最终意义便在这内外秩序所构成的整体中产生。在设计中，虽然单独的符号要素会在符号意义系统中形成有意义的部分，但是，一旦设计符号系统构建完成，整合后的系统无疑会传达出更丰富、更完整的意义。这必然是通过作品的系统完形表征来达到的。

在符号表征的深处，这种系统性通常基于基本的功能、使用或特定的理念形成一种并不可见的符号结构，这也是一种以功能性"原型"为基础的、最深刻的符号结构，具有一定的社会约定性。而每一次编码的突破和创新，其结果都是在接近设计"原型"的过程中形成的新的特征，从而体现出新的不同风格。例如风格各异的椅子设计，就是在"原型"基础上的新的编码系

风格各异的椅子设计，台湾科技大学设计学院展馆

统创新。

不可忽视的是，在符号系统的构建中，符号语汇是设计师进行设计运用的基本要素，它们大都具有各自独立的语意象征，例如台灯的开关按键表示灯的明灭。这种符号实质上就是一种符码或代码（Code），它并不只是研究物质符号（形象、声音等）意义的最小元素，同时也要研究这些意义的组合规则，以及组合后的"语句片段"在该符号系统中的"位置"。因此，所谓符码，简单解释就是一套有组织的符号系统或整体规则，要为信息发送者和接收者都能理解。它是建构文本系统（设计）的材料，也是破译文本意义的规则，为设计与其他艺术领域所借用。

具体来看，人类在对符号长期的认识与发展中，将各种建筑、产品或其他设计符号进行特征化的归类，产生了具有一定规则的符号系统，也就是符码，可以说是文化与社会化产生的综合协议。建筑形式、产品形式中的符码（规则）影响了我们对（文化）形式的创造与象征，指示我们如何处理各种形式背后所隐藏的意义；设计师和使用者都是依靠符码，进行正确而有效的诠释与沟通，我们不理解符码就不能明白大多数事物的意义，符码是极为复杂的联想模式。可见，产品、建筑大至文化都是符码化的系统，符码在其中扮演了重要的角色。

因此，产品可以被设计师依其意义内容，在图像、指示、象征的途径下予以编码，同时这些设计符码按照内在的规则和关系被进一步组织复合成一个符号系统，从而完成了此阶段编码的过程，使产品最终成为意义赋予的载体。

圆周表，World Muji Watch。回归到"表是丈量时间"的本质，将"尺"的语意应用到表盘的设计中，不仅告诉你现在的时间，也让你感觉到走过的时间。表盘数字印在玻璃盖上，让指针和表盘分出了层次，甚至有可能表盘的阴影会出现在指针周围

设计解码

一、何为解码

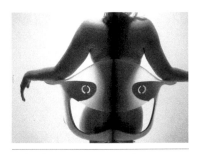

座椅设计，Ross Lovegrove 设计

天气表设计，瑞士销售的商品

　　解码是与编码相对应的过程，指传播过程中，使用和编码相同的特定规则，将接收到的符号信号转换为信息意义。这一过程是在人们大脑中进行的，接受者按已有知识与经验（符码规则）把符号解释为信息意义。

　　设计中的解码是接收者（即使用者），对产品符号通过以下途径进行感受与理解：产品自身的造型、形状、色彩和质感，信息显示及内部状态的指示，图案元素或平面标记。具体经由观察产品的使用情境、实际操作和符号反馈，产品语意由使用者的文化背景、使用时的听阅运作、群体的定型反应和使用条件，被召唤出来，形成对产品的心智模式。从而还原出自己能够理解的信息，并采取相应的行动，从而完成信息的沟通传达的过程。

　　如果我们把产品、建筑类比为一语文系统，那么在产品语意解码认知的方法上，就可以应用类似于语文系统的听阅运作的某种知觉方式，来了解产品背后的意义。这种知觉方式不同于视觉和听觉，而是经过文化传承、积累而约定的——克里斯汀昂·梅兹（Christian Metz）指出，这是按照"知觉类比"原则进行的，例如类比（Analogy）、相似（Resemblance）、相像（Likeness）、肖像（Iconicity），也是建立在一整套符码系统基础之上的。这是文化层面的一种理所当然的思维方式。

　　在这个语意解码的过程中，联想起着重要的作用，欣赏者由视觉感知（还包括其他五感感知）到产品形象后会与其信息库中的信息相比较，寻找某种相关性，从而通过视觉经验和视觉联想得出有关符号意义的结论，以达到理解产品的目的。与设计符号的编码过程相对应，产品视觉造型中联想的形式是多种多样的，使观者在图像、指示或象征三种不同途径上产生各种联想，并引起从功能、情感到文化上的沟通或共鸣。具体讲，即产品表象符号之所以可以辨认，是因为在某种程度上与它所代表的事物相似（图像）、与某种行为相关联（指示），或者具有性质上无形的联系（象征），人们常用联想寻找象征符号中丰富的情感与文化意义。产品象征符号的意义通常并不明显，需要从其所在的社会文化脉络出发来解释，才能予以说明。例如奥迪车一般在德国由中年顾客购买，在美国则是被雅痞（年轻的专业人士）所偏爱，在中国多是商务与政府用车，在墨西哥则是高科技发展的象征。

奥迪车从不同国家的社会文化脉络中得到不同的象征意义解码

　　总之，视觉（还包括其他感官）感知与联想理解组成一个完整的解码过程，从视觉等感官上得来的信息经过大脑直接或间接的转译，意义才能被人们所理解。

二、意义的结构

　　产品符号解码出的意义是复杂的。由于设计符号同样具有多义性和模糊性，这使符号的解释变得复杂化，同时也带来了符号意义解读的各种不确定性。

　　产品符号解码的意义是一种复合的结构，即是产品自身意义的构成与文化背景下的文化、历史联系的复合。首先，产品符号的意义性结构是建立在其功能性结构拓展的基础之上的，一方面是由产品的主要部分、次要部分、系统和子系统构成的一组整体联系，从中解读出一种系统的功能意义；另一

对形、色、质的联想是解码的主要过程

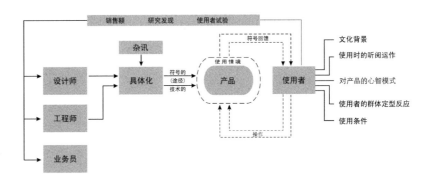

设计符号编码与解码的过程模式（K.Krippendorf 与 R.Butter 的产品语意学论文，《Innovation》杂志 1984 年春季号）

Au design project 的 Infobar2 概念手机，深泽直人设计

方面，在设计的意义性结构中，其设计语言还存在着一种指涉意义，反映出符号与外部世界的一种联系，即文化的、历史的甚至地方的意义，这是一种意义的象征，其内核隐藏在形象背后。第一方面是产品体系方面的，是稳定的、客观意义解读；第二方面则是有关形式来源方面的，则是多义变化的、主观的，在不同的文化背景下、历史条件以及观赏者本身的际遇和心境会产生很大的差异。

同时，产品符号还原出来的信息，也是设计师所要传达的信息与使用者个人化理解的部分相结合。加达默尔（Gadamer）在诠释学理论中提出诠释的概念，即原来别人说的话，用"我们自己的说法"描述或传达出来，类似的，使用者透过理解该产品符号理解意义，就是某种诠释。设计师促成了他所设计的产品的意义，这个产品的使用者尝试经由诠释去推断理解它的意义。

对于产品符号的理解，使用者一般要经过感知符号、阐释含义、理解意义的三个步骤来完成。加达默尔在《真理与方法》中指出，文本的意义超越它的作者，这并不只是暂时的，而是永远如此的。这就是为什么理解并不是一种复制的过程，而是相反，理解总是一种创造的过程……完全可以说，只要我们在理解，那么总是会产生不同的理解。例如面对朗香教堂，观看者除了理解出它是教堂外，还可以理解出法国人的帽子、古堡、鸭子、手等多种意象。鸟巢奥运体育馆也是如此，观看者参与创造了多种意象，包括线团缠线、冰花窗、冰裂纹等。

尤其在一些暗示性的感性、象征意义方面，因消费者群体的文化观念等方面的差异而带有极大的不确定性。总之，语言文本是这样，产品设计符号也是这样，最后理解的意义总是超越设计本身，融入了使用者自己的感受、思考和理解，是自身与他者的统一。设计符号意义的解读如同文本的意义，总是由解释者的历史情境共同规定，因而也就是为整个历史的客观进程所共同规定。此外，"接受美学"的新观点更注重使用者、接收者参与信息的发生过程，认为产品符号只有经过阅读才有生命，正是使用者、接收者赋予了产品符号以无穷的意义。以上这些从诠释学角度对设计符号的解读，有助于正确地理解产品符号意义复杂的特性和设计美学的丰富性与多变性。对产品象征意义的解释，日益成为设计理论的中心任务。

由上可见，解码是一个比编码更为复杂的过程，不仅与设计师对于编码的应用有关，更与解码的对象、环境等密切相关，而且从不同的角度可以解读出不同的意义。

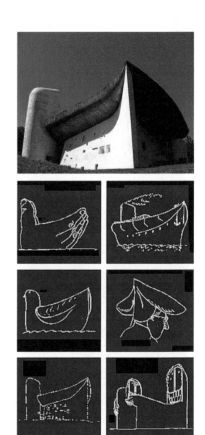

修肯（H. Schocken）教授在英国建筑学院（Architecture Association）的讨论课中，对柯布西耶的朗香教堂产生无数的遐想

雷达表，"赛瑞克斯"。具有神秘美感的螺旋形态，暗示着时间的永无止境，黑与灰的相间，隐喻着白昼与黑夜的交替

三、语意的认知

设计师在进行产品语意设计时，必须考虑到使用者对符号信息的反应和认知的负荷。产品符号信息一般是通过产品符号、人机界面，经由视觉、概念及身体三种接触传达给使用者。使用者在接受信息时，所产生的解码过程依次为：

1. 信息来源；

2. 对信息的诠释；

3. 分析其内容含义是否符合个人认知的条件；

4. 开始酝酿程序；

5. 采取对信息反应的行动。

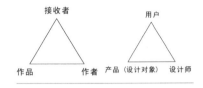

伽达默尔的诠释学三角

可以说，使用者这种视觉接触和概念接触的过程，或者说，对作为外在刺激的产品的认识作用及信息接受的过程，就是产品的认知。使用者接触设计就是从对它进行符号认知开始的。而后面的身体接触，就是在理解其内在含义后的接触和使用，直至最后的购买行动。其中，产品语意的认知则是整个过程的核心。

使用者对产品的认知，是一种复杂的心理历程。简单来讲，广义的认知是由感觉、知觉而概念（知觉是在感觉的基础上形成的对事物总体属性相互关系的整体反映，受人的理解和经验的制约），包含感知觉、注意、学习思考和识记的心理过程，是使用者对符号意义的接受和加工。因此，也可以说，使用者对设计符号的认知，是指在设计符号存在和使用的过程中，人的精神或心理与符号系统之间所可能产生的互动作用。

作为一个产品符号系统，产品总在特定的环境中散发着种种明示或暗

Heads up椅，借由鹿角精神的撷取，支持现代人忙碌下脆弱的心，能重新找到自我的价值。林璟瑄、林函蓁设计（台湾科技大学）

示的意义。使用者对产品的认知，主要通过产品自身的造型、色彩等形式因素来感受和理解信息。那他又是如何认知、理解那些语意的，具体过程又是如何的呢？

对于外界而来的刺激性信息是由人体的感觉器官所接受的，但是感觉暂存的记忆（SM）一般只维持几分之一秒，若不加以注意与辨识，感官记忆随即消失。感官所收集的信息经过注意、形的辨识、选择及编码等初步处理后传送到短期记忆（STM）中，一方面暂时保存传入的信息（约 7±2 个意元），另一方面进行某种程度的思考、推论与理解等心理操作。短期记忆处理过的信息可能随即丢弃或逐渐遗忘，若有需要则复习后传入长期记忆（LTM）中，以供往后检索。

这里的感官记忆（SM）中所进行的注意和形的辨识等活动，属于感觉和知觉方面的一种识别活动，主要包括眼球的运动、眼的注视（Lengyel 1984）和产品的形态、色彩、图案的定位（Burden 1984）；而短期记忆（STM）则是知觉进行进一步活动，包含对产品符号和产品符号属性进行分类、评价和偏爱，即感性的语意认知。

虽不同于以往的普通产品，但仍可以在感觉、知觉和概念的互动中，对其产生认识并印象深刻

因此，短期记忆中的心理运作极可能是认知过程的核心，对于语言文字的语意的认知即是这种心理运作的结果（许多情况下需要检索长期记忆），对于产品造型的语意认知也是一样。其认知过程的特征主要包括：

1.整体性。使用者在此过程中不仅对当前感觉的产品材料进行选择、整理、加工，而且还会能够把过去对此类产品符号有关技术、功能、社会、文化等的经验等内容加进去，联想常常会自觉地参与其中。

2.选择性。在形成整体印象的过程中，对感性的产品的构成元素，例如形态细节，会有所选择，可能突出注意产品某一方面的属性和感觉，在心理

雪铁龙 DS 概念电动车，张明曦、秦昊设计。其认知过程体现了整体性、选择性与理解性

Josephine 灯，隐含传统符号、工艺和现代照明的结合，亚米·海因为 Metalarte 设计

运作中形成有显著特点的符号意象。

3. 理解性。指由于人们总是在对此类产品符号已有的知识和过去的经验的基础上，通过归纳和适应来认识新的符号，从而把它归入一定的对象类别之中，表现为一种趋合倾向。

由上可见，每一个接收者对将被理解之物已先有了认知或意识，然后实际的阐释才成为可能。所以，对于产品设计符号而言，形码和意码虽由设计者一同编入，但使用者一般总是以自己的心理运作来进行解码，设计者编码的方式未必能被解码者所全部理解，这便会造成产品认知上的困扰。因此，诺曼指出，这往往是设计者与使用者概念模型不配合所导致的。

情感性意义的诠释——多元的评价

当我们在面对设计作品试图理解其背后意义的时候，要注意到，这种理解不是一种复制，事实上也不可能是设计师思想的完全复制，而是一种基于个人社会文化脉络（背景）的、新的创造过程，可以说，只要我们在理解，那么总会产生不尽相同的理解。

如今很多如菲利普·斯塔克这样的艺术化、情感化的设计作品，充满诗般模糊的语意，观者所解读出的不只是功能意义这么简单，还包括复杂的情感——分离、破碎、情感隐喻等因素（后现代主义者所强调的）。例如斯塔克为电影导演维姆·文德斯（Wim Wenders）充满幻想的办公室设计的 W.W 凳子，作为致敬之物，是一个使用拟人方式设计系列的一部分，表现一个铝制植物不断向上生长的根的雕塑形象；散发着弧线特有的平和，甚至带有隐秘的邀请，自然弯曲的靠背在这样的态势下让你想起导演镜头下隐秘的生命

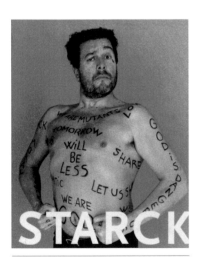

"设计诗人"
菲利普·斯塔克（Philippe Starck）

力。与其说它是一件家居坐具，不如说它更像一件雕塑艺术品，引起很多模糊、多元的联想，其艺术价值也许比它的实用价值更大。这些设计努力使科技拥有情感，但有时也会缺乏沟通的目的以及功能性的理性基础。

产品设计中有时最具表现力的部分往往是情感性的语意使用，它经常是建立在模棱两可、多重意义以及复杂隐喻之上的——经常是设计师的无意识运用。它是暗示的，如诗一般的领域，你我的感受不尽相同，但也有共通之处 [1]。虽然我们无法精确的或全部领悟到其中的意义，但我们可以直觉的了解大体的印象。例如巴西坎帕纳兄弟设计的 Vermelha Chair 扶手单椅，立足巴西传统的现代诗意设计，有点象厨房的拖把，或鸟巢，意象的模糊，并不妨碍设计师对许多愉快、诙谐、活力的情感意义的表达。

可见，在注重情感需求的当今时代，有些设计符号中最具价值的情感意义已经超越了功能，我们无法否定如此有价值的意义。对情意类产品来说，

苏珊·朗格进一步论证了形式与情感的关系，认为在审美和艺术中，形式具有表现性，艺术特征正在于它是一种"表现性形式"，也就是"有意味的形式"。

Vermelha chair，立足巴西传统的现代诗意设计，有点像厨房的拖把或鸟巢，意在表达许多愉快、诙谐的情感意义

---

1 林铭煌. 产品语意学——后工业设计师：科技的诠释者[J]. 工业设计杂志，1993（3）：162-169.

Napoleon, Saint Esprit（圣人精神），花园侏儒般的座椅，三件套之一，古怪诙谐，充满戏剧性（左图）；WW椅，斯塔克向德国电影导演 Wim Wenders 致敬的产物，就像一株铝制的植物，静静地生长着（中左图）；柠檬榨汁机，类似外星人的异形，意象的模糊，引发观者丰富的联想（中右图）；Os Library，为同名图书馆设计，宛如雕塑般的作品（右图）

阿莱西出品各类厨具用品，是一种情感的享受

意大利餐具品牌Sambonet鸡尾酒会/派对叉，
时尚和古典符号相结合，给每日都带来舒适
的视觉和心理感受

语意学设计师通过视觉等的形式（包括装饰与细节的暗示）进行意义的传达，其中表达的功能指示方面意义常常是实际有限和不精确的，有时只能是一种暗示性和推测性的意义，往往还会带来认知的困惑，但对于这一类产品而言却是最吸引人的，可以想象观者在反复印证后的恍然大悟和会心一笑的情景。因此，可以说，充满模糊诗意美感的设计符号是一种情感上的享受，适合现代情感消费的需要，当代传播理论也承认，诠释才是读者的本质——趋于模糊的感情，而非精确的情感。

此外，设计符号指示性的意义可能是暂时的、附属性的，因为只有一开始的识别和使用，才会特别注意其功能识别、使用指示性的意义，一段时间后，已无需说明书性质的理性意义，已经成为几乎下意识的动作。但是，符号情感性的意义却是在每次接触符号时，都会不同程度地主动感受到，不管是第一次接触还是每天见到。可见舒适的视觉和心理感受是长期存在于生活中的。

因此，理解语意符号背后的情感意义，是一个类似读诗的、不确定的有趣过程，我们只能结合自己的感受，来猜测设计师试图表达的情感和意图。这并不妨碍我们对产品功能的清晰理解和使用，而且最好将分析和讨论限定于那些传播使用操作的语意元素，这些意义传播的目的较为清晰明确。而情感化意义的解读是一种诗意的生活感受，情感化意义的设计更是一种诗意的创造（菲利普·斯塔克），对于这样的语意，产品语意学并不作出解释，而是放弃了这样的研究。所以，以著名的长足柠檬榨汁机为例，类似外星人的异形，意象模糊，引发观者丰富的联想，斯塔克说，"我的甜瓜榨汁机不是用来榨汁，它的作用是启动谈话"。

从意义的运作过程看，功能指示性的意义有助于识别的归纳，而情感

Zettel'z, Ingo Maurer，通过这些写满和空白的白色小纸片，来表达对美好生活与人生的憧憬和展望（左图）

Lucellino壁灯，1994年意大利设计师设计，模仿了小鸟的造型，灯盏两旁安上了两只逼真的翅膀，在高科技产品中带进了温馨的自然情调（右图）

性的意义则需要进行调整与适应，而且由于产品所针对的生活机能及意义的不同，其形式设计的归纳性或调整性也不尽对称。例如新型灭火器、手动工具、电脑键盘的设计就属于归纳性强的产品。而情感性强的产品，例如生活家居用品、情趣产品或礼品，其差异化程度高，带来的意义调整性和适应性也高，使得人们可以在一定的功能之外，反复感受思考并印证情感性的意义诠释，这种内心感受可以是一种幽默、惊奇、感染、触动或者破解印证的快乐，无需清楚解释，这些都使设计符号得以深深打动人心，丰富我们的生活。例如英戈莫瑞尔（Ingo Maurer）设计的Zettel'z灯具，就通过这些写满和空白的白色小纸片，来表达对美好生活与人生的憧憬和展望。又如意大利设计师设计的Lucellino灯具（1994）也是如此，模仿小鸟的造型，在灯盏两旁安上两只逼真的翅膀，将高科技产品带进了温馨的自然情调。

有效的意义传播

一、语境的影响

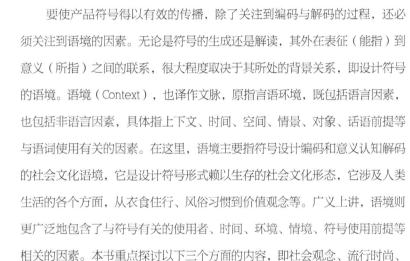

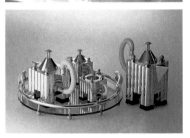

文丘里 1985-1986 年间设计的茶具和咖啡具（上图）
格雷夫斯设计的鸟鸣水壶（中图）
格雷夫斯设计的"茶与咖啡的建筑"杯具组，充满多种历史的暗示（下图）

要使产品符号得以有效的传播，除了关注到编码与解码的过程，还必须关注到语境的因素。无论是符号的生成还是解读，其外在表征（能指）到意义（所指）之间的联系，很大程度取决于其所处的背景关系，即设计符号的语境。语境（Context），也译作文脉，原指言语环境，既包括语言因素，也包括非语言因素，具体指上下文、时间、空间、情景、对象、话语前提等与语词使用有关的因素。在这里，语境主要指符号设计编码和意义认知解码的社会文化语境，它是设计符号形式赖以生存的社会文化形态，它涉及人类生活的各个方面，从衣食住行、风俗习惯到价值观念等。广义上讲，语境则更广泛地包含了与符号有关的使用者、时间、环境、情境、符号使用前提等相关的因素。本书重点探讨以下三个方面的内容，即社会观念、流行时尚、地域文化和传统文化。

1.社会观念

社会观念，是指人们在社会生活过程中所形成的对社会的态度、看法及相对应的行为方式，是社会群体在一段较长的时期内相对稳定的观念综合。社会整体观念制约并影响着人们生活、行为及设计造物的方方面面。东方文化的设计符号在西方人看来可能会是陌生的，反之亦然。即使是同一设计符号，在不同的社会观念中的意义评价也是不尽相同的，这一事实同样适用于产品、建筑或其他艺术设计。

作为凝结着社会属性的产品符号语意的生成和理解，明显地受到所处时代的社会观念的影响。在以往社会经济发展的不同时期，设计符号总是随着不同的社会观念、不同的价值观而变化，形成较鲜明的时代特色。20 世纪 40 ～ 50 年代充满挑战、革命的社会观念，在对技术与科学的社会热情影响下产生了现代主义，当时的产品都是一反装饰的传统，尽是功能意义的纯理性表达；50 ～ 60 年代英国大众化、通俗与娱乐的战后时代观念的兴起，其间产品流行起新奇、幽默的 POP 风格；70 年代开始一直到 80 年代随着经济的发展、生活的改善、社会观念的日趋多元，导致人们对复杂的、变化的后现代主义的追逐，产品也越来越呈现个性多样化的意义表达，例如文丘里 1985 ～ 1986 年间设计的茶具和咖啡具、格雷夫斯设计的鸟鸣水壶。90 年代，一方面计算机技术和因特网的快速发展，对社会经济文化产生深远影响；另一方面审美趋向时尚化，设计开始关注情感化，全球化中开始出现对文化的反思，例如阿莱西推出的一系列厨房用具、苹果专为教育市场开发的 eMate300（1992）、卢勒设计（lunar design）设计的个人旅行助理（1998）等。由此可见，不同的产品符号表现都是不同时期社会观念影响设计的结果，正是社会观念与产品设计的相互影响和推动，促进新的设计文化和风格的不断出现。

当社会进入到新世纪的当下，全球性的新技术革命浪潮（智能科技）高速发展，社会的进步、生活水平的提高、人们思想意识的变更、对生活质量的追求等都促使人们更多关注以人为本的理念，出现了许多新的时代观念，包括更快速（移动）的生活、更丰富的体验结合的是简单回归的渴望，而情感交流、人文艺术及可持续发展的观念也在发挥更大的影响。例如 Au Design Project（2007）概念手机 Actface，把"虚拟人生"来作手机的交互界面，你的联系人是你城市中的居民，你使用手机，你的

松下随身听，多元感性的设计风格

苹果专为教育市场开发的 eMate300，关注情感

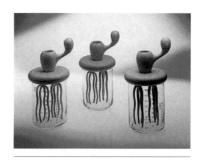

阿莱西打蛋机，玛塔.珊索妮（Marta Sansoni）设计

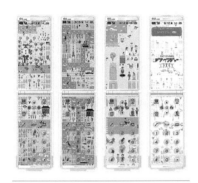

Au design project 2007 概念手机 Actface，强调 PLAY，让你的数字生活以一种可见且有趣的方式存在着

灯具设计，注重心灵的温暖感

韩国 La Rose 炊具，理念灵感来自盛开的花，它的美学和优雅的设计、细腻的色彩让人印象深刻

城市就成长，每天都有故事发生，让你的数字生活以一种可见且有趣的方式存在着。

可见，社会观念虽然相对稳定，但是它同样也是流动的、发展的。它总是综合了在新的经济技术发展中涌现出来的各种新的思想潮流，体现出当时时代发展的特定的观念特色。它们都极大地影响着产品语意编码与解码设计的方方面面。

2.流行时尚

流行，是指在一个较短的时间内（2～3年），人们对消费产品某一新的内容与形式产生特别的爱好，使得这一类产品在社会中广泛流行开来，即人们不约而同地选择，或者说是不由自主地选择，是人们群体的追求倾向，例如流行服饰、风格的时尚潮流。设计师和消费者应注意到产品语意设计中的流行时尚因素，它反映了对产品意义表达和接受的动态变化的特性。

例如，20世纪90年代末苹果电脑的 iMac、iBook 所带的时尚旋风就是一个很好的例子。一时间，似乎消费者的感性需求在一夜间苏醒，无论是设计师还是消费者，都分外注目那些彩色的、透明或半透明的、自然有机形态的产品，这些都对人们造成极大的视觉震撼，逐渐变成一股社会性的流行潮流，进而影响到其他的消费性电子产品，涉及电脑、彩电、生活小家电、娱乐电子、移动终端等很多品类。又例如，装饰主义原在家居产品上传统地适量应用，由于其包含着特定的审美愉悦、自然态度和文化意识（风土性），近来回归成为一种时尚的态度，一时间大量出现在电子产品上，包括联想奥运图案版 IdeaPad U8、"祥云"图案笔记本、三星 HAUZEN 洗衣机、海尔空调C系列、诺基亚手机"倾慕"系列及20世纪20年代装饰艺术风格复古再现的 7260 等。

时尚的流行性是相对稳定存在的。所谓稳定性，则是指在相当一段时期内，产品意义编码和解码的风格与形式评价大致保持不变。这主要由于审美个体在多次的认知活动中，不断强化着自身的审美趣味，逐渐形成某种相对稳定的倾向，这种倾向使得人们的审美偏爱和审美选择在一段时间内具有经常性。同时，人们的趣味受生理、心理、环境等因素变化的影响又可能发生变化，使得原有的审美趣味出现变异性。这种时间性的改变使得对美的评价也产生差异。可见，流行文化观念的稳定性和变异性，也会很大程度地影响产品设计风格在一段时间的相对稳定流行和不定期的变化，同时也影响着设计师和消费者、使用者的对设计符号的观念或意识。

三星 HAUZEN 洗衣机，体现装饰主义风格在家电上流行

流行时尚符号的提取，应该多从产品设计相关的时尚艺术领域选取，包括艺术、建筑、广告、电影、时装、食品、健康、室内、材料与技术、多媒体、音乐零售、交通工具、产品等多个领域。飞利浦的设计师在设计趋势的研究中，将以上这些领域发挥的影响作了不同的划分：长期的影响包括建筑、艺术与材料技术，中期的影响包括食品、室内、零售和交通工具，短期的影响则包括时装、音乐、广告、产品等，各有不同的流行符号个性。此外，各种流行趋势展览及专题发布，例如法国巴黎一年一度的时装会、米兰家具展、法兰克福汽车设计展、威尼斯建筑双年展、色彩趋势发布等，都是流行时尚观念的集中展示，都会对产品符号语意设计产生相当的影响。以上这些都会明显影响或引领设计师或消费者的审美观与价值观，甚至形成意义创新示范的新设计。

装饰艺术风格复古再现的诺基亚 7260

因此，设计师不仅要自己时刻关注流行文化艺术的过去、现在和未来，同时也要关注消费者对流行概念的评价与反映，及时将大众流行或即将流行的元素适度注入产品设计中，创造新的流行焦点，只有这样才能使产品符号形象永远保持活力。

米兰 MADE EXPO 展中 Alpina 展区的自然饰板，2012

米兰国际家具展（Salone Internationale del Mobile di Milano），是全世界家具、配饰、灯具流行的风向标和时尚设计的前沿

3.地域文化与传统文化

我们生活在某一独特的地域与传统文化观念的特定社会环境中。由于在产品语意设计中包含了观念的影响，这使得在不同地域、不同文化、不同时期背景下的设计师在感性的设计过程中都具有了先入为主的文化观念；文化观念在不同的群体中存在着差异，自然使人们对设计结果的解读与诠释也产生了差异。

文化的观念直接影响到不同地区、不同人群的设计思考和认知理解的标准。这一因素虽然是潜在的，却具有泛在的、深远的影响力。即使全球化的趋势越来越强，但是不可能彻底改变一个民族、一个地区群体的根深蒂固的思维方式与审美习惯。群体的文化观念的因素将永远作为先入为主的存在势力，影响一个有地域文化背景的产品的视觉表现到背后的意义文化。

民族，是在历史上长期形成的具有共同语言、共同地域、共同经济生活，以及表现于共同文化上的共同心理素质的稳定的共同体。这一共同体在自己创造的各种文化形态上表现出有别于其他共同体的特点，就是民族文化。其中包括因地方性形成的地域文化，以及因长时间历史传承形成（时代性）的传统文化，这些是共时性和历时性的文化语境影响，是较为稳固的概念，使得设计师的意义编码和使用者的意义解码都存在着一种或多或少的文化归属感，体现在对本地区特定的文化视觉形式的某种偏爱。

这种传统文化与地域文化差异的形成，是与地理环境、地理面貌、自然气候、生产方式、政治制度、宗教、伦理观念、哲学思想等密切相关的，因而形成最具差异，也最吸引人的特色与个性。每一社会都会使用对自己重要的特定象征和符号来表达独特意义（可能在来自其他社会和时代的旁观者看来是没有意义的），在建筑符号上的表现尤为明显。中国古代建筑不仅尺度大，空间气魄恢宏，建筑色彩也十分华丽、浓重而端庄，有大国之风，震撼人心。例如天坛的坛墙北圆南方，圜丘坛、祈谷坛与祈年殿的造型均是圆的，象征着天圆地方。中国传统文化中，龙和凤是帝王与神灵的象征，因此被用来作为宫殿和房屋的主要装饰物。此外，某些数字具有特别的含义，数字9作为最高数，又与"久"谐音，更具特别的象征意义（象征"天"数），例如圜丘台面石板、拦板及各层台阶的数目均为奇数九或九的倍数。

再观日本的传统建筑，则尊重自然、单纯、朴素的文化精神，以清秀小巧的体形融会于自然之中，与周围其他建筑协调、与环境共生，追求的是不对称的美、均衡的美，采取不对称的形式。日本传统建筑所表达的美是优雅、朴素的感觉。他们认为建筑物的优美主要靠整体上比例协调、完整，而不是靠装饰，因此他们在使用建筑材料时尽量保持其自然形态，木质部件多不涂颜色，保持本色，墙壁也都是土墙不作涂饰，使用的装饰几乎都是植物图案。这同中国传统建筑中鲜艳夺目的彩绘、精雕细刻的饰品形成了较大的反差。[1] 这些都形塑了"空、间、寂"的独特的日本美学，以园林和茶道建筑（推崇简朴、优雅）为代表。受中国园林的影响，日本园林也试图再现大自然的美，

故宫的大屋顶、天坛、红墙等都是中国文化的象征符号

日本奈良东大寺，是日本奈良时代仿照中国寺院修建的佛教寺院（上图）；下图为日本茶道建筑与枯山水

---

1 武云霞. 日本传统建筑特征简析 [J]. 建筑时报, 1997（6）: 61-62.

MUJI 无印良品的日式理念

以比喻写意的手法，创造了"枯山水"，用常青树、曲折的石径和白色砂砾（耙制而成的同心波纹）上安置几块岩石的方式来象征性地表达自然世界，营造一种使人深思冥想的宁静气氛[1]。

在产品符号的设计使用上也是如此，例如"哲学的民族"德国，长于理论思辨，处事安静慎重，对事物讲求内容重于形式，因此其产品往往形式符合严谨的比例，直线多于曲线，色彩沉着、稳重，偏爱产品的细部处理，整体体现出特有的理性主义等特征，例如西门子、博世的洗衣机、烤箱。而日本，岛国的地理环境因素对它的民族性的形成起着很大的作用。由于日本资源枯竭、人口众多、国土狭小等空间和资源上的限制，自然帮助形成了日本民族关于对产品设计的思想——简单、小巧、精致而漂亮。这些都形成了日本民众独特的设计及美学观。例如无印良品的日用品、小家电设计，以简单朴素的设计风格，阐述对"无与有"、还原本质、崇尚自然的禅意设计理念。韩国设计也有类似的文化观点。

此外，国际间交往的日益发展，以及经济的全球化发展，使得各地区之间的联系交流日益增多，外来的、健康的审美文化也日益成为本地区风格的营养，促使本地区风格在彼此的融合中不断发展和前进。以日本设计为例，无论是其现代建筑设计积极寻找传统建筑文化与西方建筑理念、技巧、材料和风格的重叠部分，还是将传统手工艺思想、日用设计与西方现代设计理念、技术及材料工艺作适度融合，均体现了这种文化的融合性。

可见，无论是设计语构还是语用传播的效果，产品符号都受到了由社会观念、流行时尚以及地域和传统文化构成的综合性语境（关系）的极大影响（包括历时性和共时性的影响），这是当代符号学设计的核心观点之一。

1　武云霞. 日本传统建筑特征简析 [J]. 建筑时报，1997（6）：63.

这些语境不仅仅是具体涉及社会、文化、记忆脉络、流行、民族、国别地域等不同时间和空间，更是设计师与接收者之间的观念与意义约定，是我们得以有效设计与沟通的前提。因此，把产品符号作为符号系统的一部分来考察，应该比任何时候都更关注具体语境在符号建构和意义生成中的重要性。

日本产品符号的设计观：简单、小巧、精致

二、设计师与消费者的"认知差异"

设计师的产品设计活动，与消费者对产品造型的认知活动，都应是建立在对造型要素的意义概念和情感概念理解的一致性的基础上，即双方所同时具有的共有常识，而分别进行"编码"和"解码"的。产品的造型设计是一种创造性活动。每一种新的产品造型就意味着含有一定的新的形式意义。如果一种新的产品造型全是由人们的知觉定势所无法理解的符号所构成，或者出现过多的新的符号含义而使信息量过大，那么这种新的造型就将无法被人们所理解或理解较少。因为人的理解是在所收到的复杂符号的总体上加以"完型"（格式塔）的，也即是将已有的知识投射到新得到的信息之上。

反之，当一个产品的造型设计全是由人们的知觉定势所完全理解的符号构成，那么该形式设计因为能被人们所熟知、所理解而使审美主体失去审美的兴趣，最后导致造型设计的失败。而且，如果对形式与语意的联系规定得过于直接简单，那么就会使语意失去其复杂性而变得浅薄，例如沈阳方圆大厦。因此，产品的语意设计必须尽可能地使造型形式所传达的意义建立在独创性和可理解性的最优选择的基础之上。可见，使用者对于相似而有适度

随着时间的推移，作者和接收者都不会停止在表面形式的吸纳上，而要由表及里地探索，隐藏在形式背后更为深层的东西。
——《从彰显到含蓄》，彭一刚

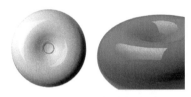

±0 空气加湿器，深泽直人设计（上图）
Frogware 灯泡，frog 设计，将现代、节能的 LED 灯融入传统的灯泡形象中（下图）

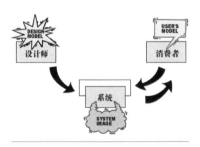

Norman 的设计师与消费者的概念模式（选自《公共电话亭产品语意分析》，张伟成，廖学书，陈俊玮，工业设计 98）

变化的产品符号总是比较容易认知，所以，很多设计师总是在从很具体到很抽象的不同层级中追求似与不似之间的最佳平衡点，既可以达到人们可感知的具体程度，同时又达成可启发无限想象的抽象程度。

必须注意到，以往的设计大都是以极富创造力的设计师个人的喜好或团体的品位为依据，在设计中常常从自己的角度追求品位、社会理想或责任。但是，这些"高品位"的产品是不是为使用者所能理解的呢？答案常常是否定的。

由诺曼的设计师与使用者的概念模式，可以清楚地了解到，设计师和使用者都是通过产品符号系统来进行沟通，两者之间并未有直接沟通的渠道。假使设计师并非真正了解使用者的理解背景，那么设计师在产品符号上所表达的就会和使用者所感受的不尽相同，所以，有时许多产品以设计师的专业眼光来看是一片叫好，但市场上的消费者并不认可，其实就是因为设计师没有根植于消费者的社会环境、文化背景、知识体系和生活经验。所以，伽达默尔类似地提出，"想要理解"意味着接收者的先见（每一个接收者对将被理解之物已经具有知识和意识）要与发送者（设计师）的知识范围相统一，并且反之亦然，也就是要"视界融合"。罗兰巴特也指出："文本的统一性不是在于它的初衷，而是在于对它的理解……必须用读者对它的理解来替代作者对它的理解。"

因此，对于上述艺术产品的设计，即使不是跟随于一般消费者需求的渐进性设计，也应该植根于社会关键阐述者（文化组织、社会学者、媒体、研究与教育机构、消费大众等）设计论述（生活文化背景更广的知识）的基础上 [1]，加上设计师自己的经验、构思综合形成的突破性设计，而非是设计

1 ［意］罗伯托·维甘提. 设计力创新 [M]. 台北：马可孛罗文化，2011.

师的自我想象这样简单。

可见，今天产品语意学所引发的许多争议，并不是设计师操弄符号的能力不行，而在于并未真正认识到在产品符号的编码和解码的两个阶段之中都存在语意的转换与认知。通常设计师的研究把语意认知集中于设计——编码的部分阶段，却对使用者的产品语意认知缺乏深刻的了解，因而不可避免地使得在设计师的编码与消费者的解码之中都存在着相当的不确定性，使得编码和解码的一致性也得不到保证，从而影响了传达的有效性。

因此，要充分了解各个用户群体的象征世界，要在意义的生产者和使用者之间架起一致的或大致的理解桥梁，这种设计信息的编码与解码过程的沟通在现代设计中势在必行。所以，如何从使用者解码的角度来审视产品的语意传播与认知，减少这种语意设计中的盲目性，值得我们积极关注。

从产品文化脉络、生活方式、行为模式的分析来看，提供一种能够被潜在使用者理解、区分并评价的设计沟通是非常必要的，即要更加重视基于消费者群体的、社会与文化背景为基础的语意设计。设计师应该积极参与消

CD 唱机，过多追求艺术理想的"实验性"表达

SnuzNLuz 的捐款闹钟，使用者仅从其简洁的外形及界面上很难认知其具体的意义

吸尘器，自然且有想象力的造型，使用者对此有不同的解读和评判

费者的生活，并作如实的记录，借以发现设计的机会，这可以是描述性的语言方式，也可以是图像性的非语言的方式。还需要通过社会的关键诠释者们对代表性人群作深入了解，了解消费者使用该产品的情境及相关的态度，并扩展到社会文化背景中他们所关注的、所喜爱的或所讨厌的内容，以及了解他们可能如何赋予事物意义，以期获得与设计相关的"评语"。然后，从中发现设计的线索，与设计师的思想一起整合为设计的概念原点，进而阐明和生成能够在最多样化水平上的、有效沟通的识别。

可见，设计师——使用者之间语意双向传播系统的构建，使得双方之间的想法相互传达、相互回馈，有助于设计师跳出自身诠释造型的窠臼，使他们能够在用户"设计评语"的基础之上建立共有的"设计概念"，从而减少与用户之间的认知差异，增加市场成功的机会。

总之，从语用的效果角度看，要使产品符号的传播有效，必须重视传播中的每一环节：即设计师所传达的信息，在特定的语境下，是否经由恰当的符号形式，以有效的传播渠道（配合好的环境），被使用者充分理解而不致有所误解。这并非是要一成不变，而是要在意义约定关系的基础上寻找创新的突破，形成优秀的设计。因此，应注意以下几点：

1. 设计符号的意义结构必须是可理解的。适当的符号信息复杂度、明确的意义重点有助于使用者对设计符号的认知。同时，设计符号要素或某些细节的相似安排造成的熟悉度，有助于使用者产生在认知习惯基础上的自然理解。

2. 有吸引力的符号形式是引导设计传播的重要前提。传达的信息要在适中的基础上有一定的冗余度，避免语意设计表达中的信息缺乏。造型、色彩符号的不同安排以及新材料符号使用将形成强烈的视觉吸引力，造成设计

体温计、身体脂肪测量器与婴儿马桶，具有女性的气息，曲线柔美，温暖，柴田文江设计。体现外显性与内涵性之间"度"的把握

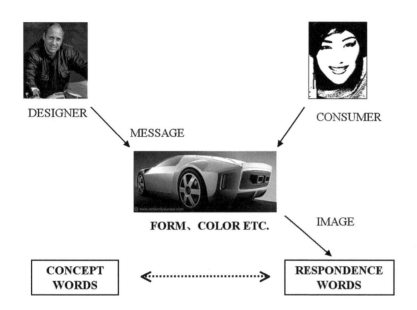

设计师与消费者的关系（参考莲见孝，"The Language Of Form"，Industrial design159，1993）

的新奇度。而那些"有意味的形式"符号往往也会引人注意[1]。

3. 要注意设计语意表达中的外显性与内涵性之间"度"的把握。

4. 设计符号的语境对于设计符号的生成与理解的效果有重要的影响。要积极到"生活世界"的体验中去寻找和理解符号。

5. 要积极关注产品中多感官符号的五感体验。它们给使用者的感受是多方面的，也是他们认知产品意义、建立经验的起点。

---

1 海军. 视觉的诗学：平面设计的符号学向度 [J]. 重庆：重庆大学出版社，2007: 325.

课题研究　主题性产品语言的研究

大气与水的自然流动

流动，可以理解为风的流动、水的流动、空气的流动、音乐的流动，也可以是流畅、穿插、舞动、交错等。例如风吹沙丘、水入流、熔岩下山等，流动从此开始，使形式具有自然的生命力。

流动的意象可以是外在明显的，也可以是隐约显现的、抽象的意韵流动，如吴带当风。美学的意境隐含在其中。

流动在产品上最终表现出来的是一种视觉语言的特征，代表一种特定的形态风格或细节处理，从而给现代产品带来更加丰富的"表情"和意象，体现特定的意义与美学。例如马自达"流"的概念汽车设计，包括大气（Taiki，2007）、风语（Furai，2008）、流动（Nagare，2006）、流雅（Ryuga，2007）。

扎哈·哈迪德的建筑作品，互相交织和流动，让人看到城市的生命力

在设计中，不可忽视精确而有活力的设计语言的表达。概念的视觉化始终是艺术创作的关键一步。

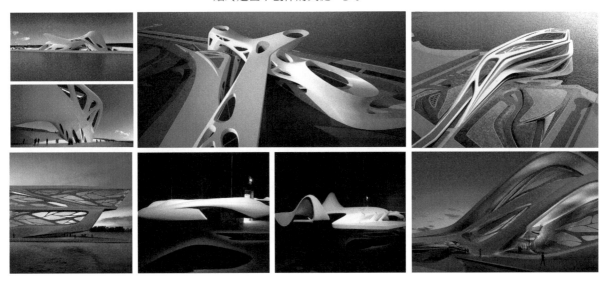

作业要求：

1. 课题语境调研

什么是自然与人工的"流动"？从其他的产品、建筑、自然、音乐、舞蹈、文化、文字等中寻找与"流动"有关的符号灵感，通过形态（细节）、色彩、材料肌理、操作、过程、光影等一切体验的方式，了解主题词语的所体现的相关语境，并通过图片和简要的分析文字加以展示。

确定所设计的消费电子产品种类，并就其以往的产品设计语言作简要的了解，寻找能与"流动"的概念发生交叉的设计联系点。

在前面所调研的（代表"流动"的）众多视觉细节中寻找与目标产品相关联的视觉图片，并与关键词语一起组成图表或坐标，形成产品语言构思的"情境"。

2. 完成主题性消费电子产品设计

体现各种"流动"意味的产品设计或雕塑

马自达"流"概念汽车设计，包括 Taiki 大气（2007）、Furai 风语（2008）、Nagare 流动（2006）、Ryuga 流雅（2007）

以"流动"为主题的空调挂机及柜机设计，与后来马自达"流"的概念巧合，2005　设计：程延，指导：张凌浩

智能空调柜机设计，王成真、王睿设计，2013

第五讲　走向多元的设计语意叙述

现代与后现代设计的差异

　　设计作为一种符号化的过程，涉及意义的途径和传播的途径。意义途径注重符号意义的生成、诠释以及复杂性，包括功能意义以及各种情感、社会、文化、历史的内容，更涉及地方性、"记忆"、叙事性等深层次问题，这与后现代主义设计的观点是基本一致的。而传播途径，如前面所言，更关注传播的过程、沟通的效率或效果，强调作为最基本意义的功能性传达，而这与现代主义设计的理念相吻合。因此，中国台湾的林盛宏教授在其"设计记号论"的课程中提出，现代主义及后现代主义都可以从符号学的角度来进行解析，现代与后现代的理念差异，可以说一个是注重产品的简约沟通，另一个是注重产品复杂衍生的意义。

　　1.现代主义设计重视科技沟通的效率，而后现代重视的是具体的意义演绎。工业技术与电子科技是 20 世纪初的主要特征之一，所以当时设计师更

德国 Braun 的剃须刀 SM31（1962）、收音机产品 T1000，注重功能、外观朴素的现代主义风格产品

多考虑的是如何把科技表达在设计中，提高科技传递和沟通的效率，更注重的是新材料、新技术、新功能的实现与被使用。而后现代主义设计的起源在后工业时代，它所注重的不是科技的效能问题，而是人如何适应科技，或者理解科技产品的意义的问题。

以收音机的设计理念为例，现代主义设计关心的是产品造型表达收音的功能有没有问题，表达操作有没有问题，造型是否简洁到不会产生其他与功能无关的意义联想。可见现代主义设计非常注重沟通表达的效率。而后现代中产品语意的设计，更关心：这是谁的收音机？音乐迷的收音机？京剧迷的收音机？还是女性夜晚收听节目的收音机？是独身年轻人的收音机？给谁用？在什么时间、什么环境，该是什么样的意义表达？是倾听朋友心声的物品，是随身携带的时尚道具，还是音乐的伴侣？

2.现代主义设计表现的是人与产品的理性、逻辑关系，而后现代设计反映的是感性的、非逻辑的关系。

现代主义认为产品如何操作和使用，你我他应该有最佳的关系；现代主义设计就是要用大众都能理解、都可以接受的、简洁的造型语言，寻求适合不同人、不同场合与不同需求的"最佳化"设计，表现出人与物品的理性、逻辑的关系——最普遍的、最没差异的就是最好的。因此，物的"功能"被用来作为意义的最好表达。

而后现代主义设计，特别是产品语意设计认为物品是人的生活意义的投射，投射的是人生活中的种种情境，人们的欣赏可能不尽相同，想要的产品目的也不同。后现代的产品语意设计是用人的意义作为物的表达，因而表现出人与产品的感性的、非逻辑的复杂关系。

现代主义特点的欧洲家电产品，注重人与产品的理性、逻辑关系，即功能的表达

现代主义设计更注重功能、操作的表达，力求理性、最佳

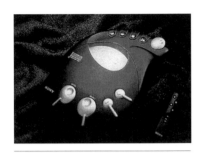

Sony Jazzman CD 播放器，Peter Yee 设计，
艺术中心学院

Impactdata，Ashcraft 设计

阿莱西水果盆"玫瑰"（La Rosa），
Emma Silvestris 设计

3.现代主义设计努力把多元、多面貌的人与产品的关系，简化到一种大家都可接受的语言，更注重指示符号的应用。而后现代主义设计则认为产品语言是丰富的、多面貌的，因时、因地、因事而有不同的表现，各有特色和情境脉络。

作为后现代主要思潮之一的产品语意设计，更重视象征符号，努力把人与物的关系多元化、多性质化，并给予重视、放大甚至结合。因此，现代主义如同新闻联播中的普通话，简单有效，都能听懂理解；而后现代如同南腔北调的地方方言新闻，丰富多彩，别具特色。（以上部分参考林盛宏教授的"设计记号论"网络课程）

因此，可以看到符号学与产品语意学中意义和传播的两大途径，无形中影响了设计的两大思潮，这其中没有谁对谁错的问题，而在于发展的阶段不同和使用情境的不同。我们可以理解到，这两种途径在产品设计中都同时存在，但并非对称，如果需要使用者充分理解，那么设计的沟通途径就是主角，意义途径是配角，例如深泽直人设计的 ±0 电水壶。而如果希望使用者在意义演绎中激起共鸣，那么意义途径则成主角，例如 Emma Silvestris 为阿莱西设计的水果盆"玫瑰"（La Rosa）。关键是你的设计目的和使用情境是什么。总之，在后现代发展以来的当代背景中，产品设计在重视意义传达的基础上，无疑更多关注各种意义的诠释。

设计发展至今，交互体验设计（莫格里奇，1984）成为信息科技产品及网页设计中最受关注的热点，从语意学角度看，其重点是在电脑、手机及软件、网页等虚拟界面中的沟通与互动。今天需要面对的设计问题与现代主义的昨天有着某种相似性，同样需要通过强调语意的沟通来表达虚拟空间中的科技信息，为用户所理解与方便操作。网络和新技术的发展使各种新产品和

AU±0 电水壶，深泽直人设计

交互方式越来越多，对功能的理解方式已不仅限于三维的实体或二维的产品表面的符号指示，已进一步拓展至四维时空中的信息互动。面对这种新的考验，我们原先与机械间的互动，需要更新形成新的、更清晰的模式和经验，即可以帮助使用者对界面布局的认识（功能点排列顺序及位置）、信息导航的使用（功能点之间切换）、交互反馈的获知，以及信息传达的理解（声音、图形、文字）。可见，在技术创新的关键转换期，界面的语意沟通再次成为语意设计的焦点。

　　在苹果 IOS7、微软 Metro 扁平风的助推下，语意界面从最初的感性拟物进一步向理性抽象的"纯信息"进化。可以想象，到后信息化时代的某个阶段，人们又会类似地思考同样的问题，即人如何适应科技、理解科技产品的意义的问题。

设计作为一种叙述

　　所谓"叙述性"（Narratology，也译作叙事），多指文学作品中以恰当的形式对受众讲述或表达特定的内容，也即是对于故事的描述。而产品语

《关键设计报告》，莫格里奇，2008（上图）；
智能手表界面语意设计的探索（下图）

卡尔顿书架，索特萨斯设计，孟菲斯，1981

个性家电，Scott rob 设计

快乐鸟系列瓶塞起子，格雷夫斯设计

言的"叙述性"正是参考了上述文学理论的提法（20世纪60年代），指由符号性的产品语言形成的造型，能像文章一样 "讲述故事"；在满足"使用功能"以外追求某些"表达功能"，传达某些深刻意义，同时也为受众所接受理解。可见，这种设计的叙述性或者故事性，是以产品语言为手段，以符号的意义为目的，从新的角度揭示设计语言的表达特性和技巧。因此，产品语言的叙述性也是产品语意学设计的主要特征之一。

叙述性设计是随后现代设计派别而兴起的一个新的概念。许多相关的设计概念，例如产品语意、产品语境、设计符号、剧本式设计、主题设计等，都在近30年间相继兴起，客观上也帮助叙述性设计的概念在20世纪90年代中期最终得以形成。今天我们关注它，不仅是因为它反映了后现代设计运动及其理论在特定背景下的某段发展，同时它也是一种值得当代设计师关注的一种有特色的设计理念与方法。

一、产品语言叙述性的缘起

自20世纪50年代开始，无论在设计思想还是在设计形式上，现代主义过于追求功能性和强调纯粹性的消极作用开始显现，人们也对这种"功能表现主义"设计展开了积极反思。后现代主义思潮在建筑领域中率先出现，而后波及产品等设计领域。"后现代主义"并不是反对建筑或产品的功能，而是在功能主义设计的基础上，要求赋予建筑或产品以特定的文化特征与历史意义，对其进行功能性以外的再思考，追求其造型的装饰性和故事性，要求其"说故事"、"多说话"。其最初表现为建筑或产品形式上的符号装饰或隐喻，只是在特定背景下表达一种尊重历史与环境的态度，现在看来还远远不够。其间在意大利出现了"激进设计"（Radical design）或反设计（Anti-Design）（1980），表面是追求造型的新奇，但进一步看，则是在追求用"创新的造型"来讲述故事，达到"制造文化性、知识性"的目的，可以说这是设计叙述派的开始。

　　显然，后现代主义比以往更重视设计语言的表达。其深层原因在于，设计风格是传达意义的关键，但是，意义则必须通过刻意设计的形式（即叙述结构）才能表达出来。在后现代主义如何具体传达产品的意义和精神方面，产品语言自然成为表达其意义的重要载体。更为重要的是，在当代，产品语言取得了与功能性相类似对等的地位。在以往二元对立结构思想中，产品语言严格从属于内部结构或功能的对应关系在某些情况下被解构了，产品语言与功能的关系出现了某种程度的反转。因此，产品语言成为后现代主义设计的前所未有的重要途径，在以往功能意义表达的基础上追求某种"故事性"内容（意义感）或表达的形式，以顺应产品使用者的新的精神诉求。

奥利维蒂情人（Valentine）打字机，
索特萨斯（Ettore Sottsass）设计，1969

二、产品语言叙述性设计的理念及特点

　　"叙述性设计"一词，借用了后现代的文学理论，特别是后现代文学中的"文学性"概念。20 世纪 20 年代后现代文学理论中的俄国文学形式主义流派，致力于研究"文学的表达性"、"文学性"——即研究文学表达的手法与叙事技巧，例如普洛普的《民间故事形态学》，并逐渐形成叙述学的相关理论。然而，作为一门学科，叙述学是 20 世纪 60 年代，在结构主义大背景下得以正式确立（《交流》杂志第 8 期"符号学研究——叙事作品结构

雅马哈（Yamaha）电视机设计（上图）和斯塔克设计的厨房用品（下图），创造了产品的情趣或幽默的表情，注重意义的表达

新秀丽 Cosmolite 行李箱，新的美学形式和个人风格的表达，具有多方面的象征意义，激发想象力

分析"专号，1966），该理论后来成为当代文学、符号学的重要理论基础之一，"叙述结构（故事）"、"叙述故事的方式技巧（话语）"也成为主要的研究焦点，后期进一步突出了外部的语境、读者的阐释与互动（即交互）。受此理论的影响，在后现代设计探索的过程中，借用"叙述性"、"文学性"的概念来强调设计语言的结构与形式因素，以及艺术性、有目的性地"自然"表达，也成为后现代设计理论的一个主要特色。

产品语言的叙述性设计还参考了现代符号学、语言学，以及受此影响形成的语意学设计的诸多成果。从符号学的观点看，产品的外观、材料都从各自的单一功能中抽象出来，获得功能或非功能的多重意义，从而形成类似语言符号的意义指向系统。而从符号表现的角度来看，此意指系统也是由诸多类似代码的产品元素的集合和产品规则所构成。在此影响下，很自然地形成了"设计的语言类比"，即产品如同文章或语言的活动。文章有表达的手法、章节字句和句法结构，而产品也可以类似地有表达的技巧、段落章节和形式构造，整体形成特定"叙述性"的设计表达，来实现设计的主题及意义。

产品语言的叙述性设计研究的主要是叙述的内容和叙述的具体方法，即叙述什么（What）和怎样叙述（How）两个问题。叙述的内容指设计师要表达的主题和要传达给用户的理念。而叙述的方法则指表达理念的设计方式与技巧，具体研究设计是否有章法可循，并按此章法来表达设计的主题和涵义[1]。这其中涉及表述语言的多种多样的结构和技巧。可见，产品的叙述性设计应该是一种重视在过程的演绎中追求意义的设计方法。由于它是在"叙述学"文学理论、符号学以及现代哲学的影响下形成，所以它反映出了和以往设计

1　杨裕富．空间设计概论与设计方法 [M]. 台北：田园城市文化事业有限公司，1998.

诸多不同的、新的理念和特点。

1.叙述性设计不孤立地看待产品的形式语言，不仅注意到产品语言中各个构成符号之间如同文本结构，也有彼此内在的关联，必须通过适当的组织才可以把意义表达清晰；而且还注意到产品与周围环境、用户之间的关系，产品离不开特定的环境和使用群体的参与，因此要从彼此的关系中寻找特定的意义表达，如同文本与背景之间的关系。所以，产品的叙述性设计从文本的结构关系出发，一方面寻求形态、材料、结构等特定关联性的表达，也注重产品在周围环境与使用者的关系中特定的意义定位，体现从"一种自我为中心的表演"到"为环境和人存在"的转变。

Norm Pacific 的自动气候控制设备，Jim Couch 等设计

2.其次，这种叙述性设计也注重设计表达的技巧，以适合并吸引使用者的"听阅"操作，使其易于接受。当代西方的"主体间美学"中姚斯（Jauss）和伊瑟尔（Iser）的"接受美学"以及现代信息传播理论，都把审美认知活动由作者延伸到受众（读者），强调受众对作者作品的参与和理解。因此，设计师的设计产品和使用者的解读产品的过程，不可避免地要经历编码和解码的两次类语言式的转换；而使用者理解产品，也是一种类似与文本的对话

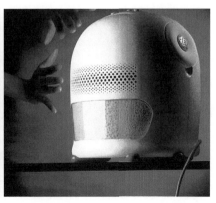

烤面包机（左图）和电暖器设计 （台湾实践大学毕业设计，2000）

数字相片架与电视广播控制视窗，飞利浦设计

飞利浦 Fidelio P9X + P8 便携音箱，其材料组合和独特剪影，传达出优雅的气息

过程。因此，处在沟通角色的叙述性设计，特别强调产品语言的组织和表达技巧，合理控制产品从总体到局部、从感知到理解等体验和使用过程，要如文章段落间的"转承相接"；"有技巧、有条理地多说话"，以恰当的、多方位的表述意义的方式，让使用者理解产品如同"听故事"或者"浏览文章"一样的自然，并使其听得懂（认知）和记得住（记忆）。可见，从这个角度说，叙述性设计是一种沟通艺术领域的尝试，它超越了一种简单的外在风格，进入了更深层次的境界。

3.此外，这种叙述性设计还注重有特色的表达，以吸引使用者的参与。通过产品的形态、色彩、材料、结构、细节或装饰甚至声音、光影等有特色的设计表达，包括如飞利浦照明产品对于使用情境的塑造等，来叙述产品的功能或其他的意义。这不仅可以满足更多受众在物质层面和精神层面的多种需求，而且可以建立并引导一种沟通和交流，进而自然唤起受众内心的感受、体验、记忆与联想。这种手法对于因高度电子化而"造型失落"的科技产品更有其意义，通过电子"人造物"的"叙述性"造型文法，可以为电子产品的"固定"造型增加许多"讲述故事"的感官品质（主要是视觉），例如飞利浦 Fidelio P9X + P8 便携音箱令人信服的材料组合与独特剪影传达出优雅的气息。因此，建立在叙述性设计基础上的消费电子产品，将同样成为一种表达丰富意义的载体和沟通人类内心与外部世界的媒介。所以，从"叙述性设计"的诸多理念特点来看后现代的设计现象，就比较容易了解：后现代设计的本意和特色并非在于"时髦"或"艺术"，而是在追求有特色、多元化的设计语言的叙述方式。

三、产品语言叙述性设计的过程与方法

因此从整体来看，产品语言的内容叙述有一个由表及里、由浅入深的表述和解读过程。叙述性设计的内容操作，可以是完整而复杂的意义结构，也可以是具体的某些意义局部，如同"以单词片段式的语句"，还可以是抽象的图像式设计表达。例如西班牙设计师亚米·海因（Jaime Hayon）设计的"Funghi"陶瓷 LED 灯具，就是这样的一个意义综合体——由若干特征性形态、色彩及光亮的材质构成的设计语言片段连接而成。所以，产品语言叙述的内容及其结构如同文章一样的丰富，需要以巧妙的设计方式来连接背后的意义，并允许某些功能之外意义的模糊和多重的诠释。

英国伦敦市政厅，后现代主义风格建筑

产品叙述性设计的关键不仅在于要表达什么，更在于如何进行表达，也就是"怎么说"。一般认为，人们的思考，包括设计师的设计过程在内，是一个"黑箱"过程，其中的设计方法无法明确揭示。但事实上，叙述性设计并非没有一些自己的基本程序或方法可以为设计师所参考。通过产品语言的类比，我们可以发现，叙述性设计如同作文的过程，也有相应的主题确立、子题和题素的展开和最后的组织等具体步骤。

1. 一般而言，写文章时首先要立意，即确立中心思想。相应的设计师要先确定设计的主题或理念，厘清需要表达的功能概念和进一步需要传递的情感、个性等，综合形成设计的基本诉求。主题的确定属于策略层次。

2. 接着，我们通常需要将把中心思想分解为若干个要点或主要问题（即拆解成子题），并进而分解为具体的片段或语句（即拆解成题素）。而设计师也同样要把主题进行关联性的分析展开，分解为若干主要部分，例如功能形式单元、操作指示单元、视觉特征形态、色彩单元、材料单元及结构单元

各种叙述性设计的手法形成产品的特色（一）

等，继而再细化为某些具体的造型要素。这些单元与要素在外部条件的制约下，从不同的角度融入了设计师的理念或情感。子题的展开属于意念层次。

3. 作文的最后阶段，我们会围绕中心主题，把这些分散而具体的片段和语句进行和谐的搭配与组织，展现一定性格并最终完成文章。这一阶段对设计师而言，同样是实现叙述性设计的关键——整体的转换形成，即设计师将依据产品内在的要求，包括节奏、韵律、对称、对比、调和、变化、统一等在内的形式美感法则，以及自身的特定思考，将点、线、面、体、空间、肌理及各形式要素进行特定的关系处理和适当的组织串联，以把意念转化为产品的实体。这需要设计师对于设计理念有很好的联想和展开能力，以及选择和组织产品语言以表达理念的技巧。题素的转化属于视觉化层次（实体化）。

在此基础上，一些叙述性设计的手法也有助于形成产品的特色，表现为：

第一，设计作品不单单追求造型的美感，其"造型表现"也要体现一定的主题性和意义——即设计作品运用各种造型符号，以达成一定的"目的性"，形成特定的吸引力。

第二，设计作品要有丰富的表情，更注重审美情调、隐喻色彩和文化特性的符号，设计符号的运用也更丰富、更具整体性，从而实现设计中的"以情动人"。

各种叙述性设计的手法形成产品的特色（二）

第三，设计作品更深入地考虑产品动态使用过程中所可能散发出的语意，而不只是产品造型静态的语意，注重叙述的推进层次，注重情境的体验过程。

可见，叙述性设计的基本方法借用了叙述学"说故事、引人入胜"的方法，借用了叙述理论起承转合、事理层层推进的章法，并融以符号学、设计语意学的概念和方法，[1]形成了设计的叙述特色与过程。

例如，北京"鸟巢"国家体育场设计，就是一个"叙述性"的极佳例子。整个体育场结构的组件相互支撑，形成网格状的构架，外观看上去就像树枝织成的鸟巢，其灰色矿质般的钢网以透明的膜材料覆盖，其中包含着一个土红色的碗状体育场看台。有专家评价，在这里，中国传统文化中镂空的手法、陶瓷的纹路、红色的灿烂与热烈，与现代最先进的钢结构设计完美地相融在一起；这种新的建筑语言渗透了中国古老的文化和哲学理念，例如中国传统的天、地、人和的理念。

总之，叙述性设计重视用户的接受和理解，注重理念表达中语言的精心选择和组织，强调造型以外的意义与内涵，体现了当代视野中以人为本、注重沟通艺术的新理念。这无疑是本书探讨叙述性设计概念启示当代产品设计实践的意义所在。

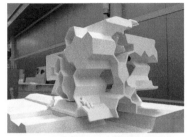

凉亭，金华建筑艺术公园（上图）
"非标准建筑"展览，巴黎蓬皮杜中心（中图）
山顶主题美术馆，德国建筑系毕业设计（下图）

1　向科．叙述性设计与叙述性建筑[J]．重庆大学学报（社科版），2005，11（1）．

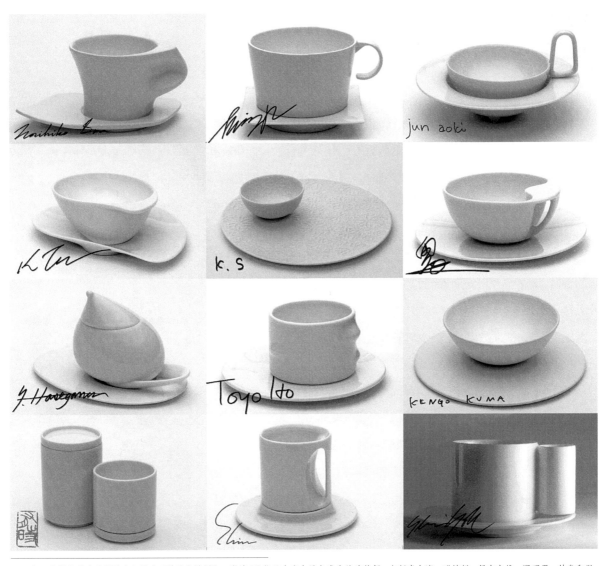

2008 年日本岐阜县产业设计中心推出"美浓烧计划",邀请 12 位日本当今最负盛名的建筑师,包括青木淳、矶崎新、伊东丰雄、隈研吾、妹岛和世、高松伸、竹山圣、團纪彦、长谷川逸子、阪茂、叶祥荣、六角鬼丈等人,合作设计、生产了 12 组造型独特的杯碟作品。借由跨领域互相激荡,打破陶瓷器皿的固有样貌,创造出崭新的设计形式。

从辨认、表情的需要到文化符码

一、从物品辨认到表情

在 20 世纪七八十年代这个电子化、信息化产品投产与消费的时代，新生的产品不是"轻、薄、短、小"、"功能提升（多功能复合）"的消费电子产品，就是应新的生活与消费形态而出现的新设计。从榨汁机、煮茶器、电脑到收录音机、随时听，都需要新的造型以易于辨别，即新的产品功能需要新的识别。这同时也加剧了新视觉识别符号的匮乏。因此，"物品辨认的需要"成为当时产品语言表达的一个重点。

同时，随着后现代设计思潮的发展（反对现代主义设计教条化和一元化），要求产品反映感情色彩、情趣风格与生活态度，给予其特定的文化意味，一直是前卫设计师的呼声。20世纪70年代开始，在意大利许多提倡"反文化"、"反设计"的设计前卫团体，例如"孟菲斯"、"反设计派"、"Archi-Zoom"等著名设计组织的推动下，到八九十年代意大利工业设计界形成了爱欲俏皮主义的设计潮流。俏皮主义派别，主要指一种混合卡通风格、漫画曲线、突发奇想与爱欲人生的特殊风格，在造型风格中混合了特定的生活态度和情趣。在意大利原有工业技术基础与丰富的文化遗产支持下，在众多设计团体的持续推动下，俏皮主义设计成为后现代的一个重要派别，带有反现代主义的明显痕迹。

90 年代中期开始，分众的消费社会和变化的消费需求，使此设计潮流进一步转变为对设计中情感、艺术与文化价值的强调。在多元审美观的支持下，设计与艺术再度融合，装饰主义以新的姿态重新回归，当然其中也夹杂

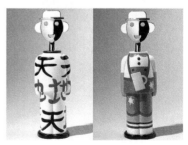

Anna G. 和 Alessandro M. 的新款红酒开瓶器，Alessandro Mendini 设计

着对流行时尚、市场消费的追逐与物化。因此，如果从产品语言的差异来看后现代产品设计，特别是产品语意学设计的发展，我们发现，设计语言已不再仅仅停留于"物品辨认的需要"，而是向"表情的需要"方向进一步发展，以此希望现今的产品符号能够拥有更丰富的表情与意象。可以说，对产品语言的关注重点，从"物品辨认的需要"发展到"表情的需要"，是一种对"造型元素"能力（意义）更深入表达的探索。

北欧的设计院校和设计师以往特别注重造型符号化和"物"表情的开发。为了实现这一点，他们经常使造型元素符号化，或者把造型元素进行某种形式的解构或特定组合，来突出组成单元的象征意义，探索产品在消费者心中新意象的可能性。其中有些设计师深受后现代主义建筑设计的影响，例如建筑师格雷夫斯（Michael Graves）的"快乐鸟"自鸣式不锈钢开水壶，成为一时流行的设计风格。再例如亚历山德罗·门迪尼（Alessandro Mendini）新近为阿莱西设计出 Anna G. 和 Alessandro M. 的新款红酒开瓶器，一改原先活泼鲜艳的色彩，在白色主体上描绘了各种丰富的文化符号，来装扮微笑的脸庞，为冷硬的不锈钢材质再次注入新的独特魅力，与 1994 年的第一版的一起成为阿莱西的精神象征。

这种"表情的需要"通过多种设计途径和不同层面来实现，它往往借助设计的形式要素，例如形态、色彩、装饰、材料等的变化，引发观者积

富于表情的手表设计

赋予表情开发的各种热水壶及滤器，格雷夫斯、斯塔克、Branzi、韩国 Moto 等设计

极的情感体验和心理感受，从而实现设计中的"以情动人"。具体来看，可以通过富有隐喻色彩和审美情调的符号设计，赋予更多的意义，让使用者心领神会而备感亲切，甚至触及心灵深处；也可以在产品设计中采用或部分加进天然材料（或有自然感觉的人工材料），通过材料的改变以增加自然情趣或特定情调，使人产生强烈的情感共鸣，例如 IDEO 在通信电子产品上以合成树脂与布的编织形成特殊的质感，在现代电子产品中加入自然的意义；还可以积极从其他的产品、设备、建筑、自然、音乐、舞蹈、文化等寻找符号灵感，通过形态（细节）、色彩、材料肌理、操作、过程、光影等一切体验的方式，来塑造产品的"整体情境的表情"。总之，产品语言需要以多种巧妙的设计方式来连接背后的意义，并允许意义的模糊和多重的诠释。

如今产品设计在后现代多元审美观的影响下，出现设计与艺术再度融合的趋势，越来越注重生活与艺术的气息，而这些都与产品语意设计中对"表情"的追求密切相关。

合成树脂与布编织而成的沟通工具，IDEO 设计

自然材料或类似材料在现代产品设计中的融入

二、语意设计的文化符码

符码一词，作为 20 世纪电子通信、传播学盛行后逐渐流行起来的术语，在符号学中经过了特定的建构，特指一套有组织的符号系统或符号编码规则，为信息发送者和接收者都能理解，它不只是"符号"，还指"取码"（解码或取意）的系统。越在美学符码和社会符码的层次，就越强调社会的约定俗成和文化的作用（即文化视为符码的重要性）。文化符码作为对文化解析工作的成果，对产品设计具有重要的意义，语意设计中的文化符码特别重视符

森林（Forest）扶手椅，将树的结构线与椅子结构相结合

采用当地传统木结构的云南腾冲高黎贡山手工造纸博物馆（上图）

新驻美使馆办公楼作为中华人民共和国驻美国的象征，其设计和规划遵循了中国传统建筑规划原理，并加以现代诠释（下图）

《亚洲形式》，香港 FormAsia 图书公司，2001

潜在于民族文化深层意象中而难以用语言表达的心理活动，可以形成图像展现在人们眼前。
——岩田庆治

号背后的象征意涵和故事性。

当代产品设计的发展正在从功能识别、风格和表情转向新的焦点，即文化的意义（其实原来也有，但现在更加重视甚至放大），产品语意学设计不再停留于"为新时代追求新造型"，也不再只关注"适应不同市场及人群的需求"，而是在更高更广的层面上去适应"不同文化的不同造型需求"。因此，通过设计来重寻产品"失去的文化意义"、赋予产品功能性以外的人文价值，成为设计师传承和更新自己的文化角色、定位和发展自己的文化存在的重要途径。从近年来建筑设计对地方文化的探索、产品设计中传统文化的再设计等诸多案例中可以看到这种努力，例如采用当地传统木结构的云南腾冲高黎贡山手工造纸博物馆。

文化符码理论指出，在每一种文化中都会发展出那种文化里特有的一些价值观与文化习惯，例如语言就是很好的例子，很多都是所处文化背景下约定俗成的惯例关系，其深深植根于我们所处的任何角落和平常或不起眼事物之中。而设计的文化符码，则参考上述理论，具体指在设计领域中，因特定文化的价值观与文化习惯所形成的特定造型语言、造型文法（秩序）及其特定的象征意义。例如《亚洲形式》（香港）一书收录了亚洲多个地区的经典案例，反映了其各自与文化的联系。如果我们了解文化符码的概念与设计的联系，就会自然理解设计的文化符码，其实一直是后现代设计思潮中重视和追求的概念。后现代设计中的历史主义、复古怀旧风、乡土主义（地域风格）、语意派与叙事派等，都是不同设计领域中常见的派别与共同的情境。例如隈研吾新作日本百年酱油老店茅乃舍 Kayanoya，灵感来源于传统酱油的制作工艺，满天悬挂的巨大发酵木质酱桶直观体现了品牌特色和价值，而制作酱曲的托盘则成为展示产品的置物架，呈现日本传统品牌的文化与质感。

香港设计师创作的具中国传统文化风格的产品设计

日本百年酱油老店茅乃舍 Kayanoya，灵感来源于传统酱油的制作工艺，隈研吾设计

可见，后现代以来设计的发展与现代设计相比，最大的区别即在于后现代更加注重文化的差异与文化符码。台湾杨裕富教授在《设计的文化基础——设计·符号·沟通》一书中对此作了较为深入的探讨。

同时，设计文化符码也可以作为一种设计分析的工具。产品、建筑等设计符号在表达其特定的功用和内容时，虽然在意义的部分指涉中形式、功用及组合方式有可能相似，但其最终的意义有时却会因地方文化色彩而不同，表现出各文化独有的脉络及活动行为。因此，设计文化符码的分析就是用符号学的方法来解析设计符号的文化表现与特性，特别注重图像性符号及其本身衍生或隐藏的意义，涉及各种形式在文化语境下的特定意义、组合方法，以及最后它如何被解读。例如意大利设计工作室 Gentle Giants 的设计项目"工业陶瓷"花瓶设计，采用白色陶瓷和金属基座制成，从装饰的细节还原中可以看出旧工业建筑所代表的文化内涵。

对于设计文化符码的分析，杨裕富教授具体指出，探索语言的意义不只在于语言表达及指称的层次，还应该包括语言以上（说故事的、历史的、

"工业陶瓷"花瓶设计项目的旧工业建筑符号来源

"工业陶瓷"花瓶设计项目，从装饰的细节还原中可以看出旧工业建筑所代表的文化内涵，意大利 Gentle Giants 工作室 Gentle Giants 设计

"哞哞先生"乳酪贮藏箱的分析
（1）文化符码策略层
故事主题 & 述说策略：生活另类幽默联
想——牛 & 乳酪
故事情节 & 情节串联：另类联结——牛角的
力量和乳制品的和善
故事题素：刻板印象的牛角
（2）文化符码意义层
语用：动态显见的力量（牛角）和静态隐藏
的能量（乳酪）
语法：容器 & 取用
语意：牛角形状的传统汤匙
（3）文化符码技术层
象征美学：有用的牛角——装饰与汤匙握把并重
形式美学：容器撷取牛头大自然优美比例简
化为几何造型
媒材美学：外观为接近大自然的木料材质与
亲近自然的理念呼应
陈慧娟，贩售美梦的阿烈希 Alessi——以设计
文化符码理论分析，http://home.educities.edu.

整体的）和语言以下（媒材、美感形式），所以设计的文化符码相应地也有策略层、意义层、技术层之分。

第一，策略层（意的操作）：探索如何传达，指该作品在该文脉（文本）中位置的作用、策略组合的规则及策略的元素，即文化策略的最小单位。

这是设计作品的说服层与说故事层次，也是"巧意"的层次，包括故事主题、情节串联、故事题素等内容。由于设计者的刻意隐瞒，以及创作者的文化习惯，这个层次往往不容易察觉分析。

第二，意义层（意象的操作）：探索传达内容，即研究意义的组合规则及意义表达的最小单位，包括语法、语意、语用等内容。

这是"故意"的层次，也是"表达"的层次，是设计作品的语意表达。由于20世纪60年代以来兴起的设计语意学、设计符号学视产品都是"特定社会的文化"反映，但如果不了解设计作品所处的特定社会的文化内涵，其实还是会有许多"信息"是分不出来的。

第三，技术层（视觉的操作）：探索传达方式，指媒材元素的选择、组合规则及感知要素（美学原理）。

包括已设计作品的美感形式层次与创作媒材感受层次，也是"无意"的层次。由于这个层次在现代主义设计中有许多令人印象深刻的发展，所以，一般而言如果是现代主义设计的话，大致上会觉得各个层次是比较容易察觉与分析的[1]。

关于识别、风格和表情等内容表达的意涵如今将被"设计文化符码"所部分取代。在产品语意设计中关注文化符码，将有助于设计师敏锐地关注到文化的差异。因此，要将这种"有用的分析"应用到设计上，即将常被忽略的事物重新应用一种文化分析方法来看待，分析其当时的经验与文化价值。在此启发和指导下，设计也更多地关注地域文化的特色，关注新的"装饰"的应用，结合异地的文化传统符号来进行新意义的诠释，创作出有文化特色的时代产品，以重新定义文化的未来。

当然，无论是表情的设计，还是文化符码的设计，都应是一种综合性的设计观念与方法，并非如后现代初期为反对现代主义的单调而盛行的符号拼贴或装饰，借助元素的简单并置或"参考性"的方法来设计产品外形，成为标新立异的个人化表达。同时我们还要看到，设计师和消费者的心智模式往往不能一致，对于产品语言的叙述编码和阅读解码会不尽相同，这无疑影响到了消费者接受和理解产品语言的效果。此外，产品符号和建筑符号一样，其表现手段相对单一，没有广告或电影等其他艺术形式那样丰富，无法通过类似的多感官手段进行直观表现和传递大量及时有效的信息。总之，无论是叙述还是解读都存在一定的局限性，但这些都并不妨碍多元化设计的观念给产品设计带来新的思考和启示。

"Moonbird"灯，日本照明制造商 Yamagiwa 天然的木材强化了其雕塑形式，表达月光下鸟的安静栖息的心中意象，Yukio Hashimoto 设计

青峰（paper peaks）椅，表现台湾岛的奇险俊秀，台湾铭传大学商品设计系，2014

1 杨裕富. 设计的文化基础——设计·符号·沟通 [M]. 亚太图书出版社，1998:247-250.

课题研究　音乐表情与产品风格研究
——个性化的 CD 播放器设计

设计一个用来播放音乐 CD 的唱机（装置）。该个性化的设计不仅是视觉化的表达，而且还可通过某一特定风格的音乐的"动作"进行表现。

特别要注意的是：

——通过它的扬声器（音箱），通过它的形态、色彩、材质、表面处理、装饰以及细节等，视觉化地展现声音或音乐的特性。

——设想 CD 光盘的插入与弹出的适当动作，并通过定位、故事板、动画或者模型等手段来积极发展这一设计构思。

可以自由地考虑任何形式的 CD 播放器。例如微型，迷你型，便携的，固定的，组装，组合系统的或者一体化的。但必须要有（至少一个）扬声器和一个 CD 唱头，播放音乐的基本控制部分和控制操作反馈的简单展示部分（例如电子显示的图形界面）。

通过选择音乐的类型与风格，来定义个性化的 CD 播放器的目标使用者。例如歌剧爱好者等。

风格各异的个性化 CD 播放器及扬声器设计

一、关于音乐的类型

不同形式（类型）的音乐能够唤起不同的感觉或者感情。我们可以从每种音乐类型定义表达的不同特性。例如：古典歌剧可以是被描述为严谨的、明快的、纯粹的、戏剧化的、精神的……按照你理解的描述一下你所选择的音乐类型的特性，探讨一下以哪些方式来诠释这些特定的语意。

不同形式（类型）的音乐及其与之表现、意
义相关的建筑等事物

作出你自己的选择：摇滚（Rock & Roll），或布鲁斯音乐（Blues），
或经典爵士乐（Classical Jazz），或灵魂音乐（Soul），或打击乐（Rap），
或台湾流行乐（Taiwan Pop），或京剧（Beijing Opera）等等。每个小组
不要都选择同一音乐类型。

视觉化地描述所选择的音乐类型。针对不同形式（类型）的音乐，展
示与之表现、意义相关的建筑、场景、抽象绘画或服饰等事物。

二、可感知的品质

当 CD 播放器不在工作时，我们是无法听到声音的——想想我们怎样能
使这些声音视觉化。充分考虑不同的设计表达途径，例如形态、形式、细节、
色彩和材质等，考虑怎样不同的材料可以帮助"叙述"这种特定的音乐语意。

同时不要忽视我们的其他感官体验——如果我们可以触摸声音，那它
感觉又是如何的？如果我们可以闻它或者品尝它呢？思考一下，怎样的光效
果可以帮助我们进一步表达希望的特性？

在设计思考的过程中，我们可以从其他的产品、乐器、建筑、自然等
中寻找新的灵感来源。看看我们正在寻找的音乐特性是不是在哪里已经存在

CD 光盘在已有音响产品上不同的运动过程，
与其他产品上可参考的运动方式

CD 播放器个性化的形态、形式、细节、色彩和材质等成为表达音乐语意的有效途径

了，寻找这种具有相关特性的人、物、事。

我们要从设计的角度作仔细且发散式的思考：

重金属乐是怎样重？

蓝色乐的颜色是什么样的？

摇滚乐又是由什么材料构成的？

古典乐是怎样的形式？

爵士乐的材质是怎样的？

灵魂音乐感觉如何？

打击乐是什么形式？

歌剧的细节是怎样的？

流行乐又是怎样的柔和？

三、语意的运动

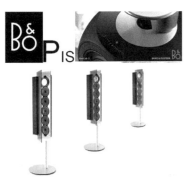

B&O 的立式多碟 CD 音响（上图），运动型音乐风格的表情在 CD 产品上的表现（下图）

CD 播放器都需要有一种插入光盘的方式和过程，但是不要考虑那种常规的托盘式机械装置。我们要通过考虑机械装置的运动，设计一种可选择的方式来装载和弹出光盘。

我们可以从音乐类型的特性出发来设想这种运动，例如精确的、积极的、好玩的……也可以考虑把这个运动当作是一个"演奏"，或是一个"仪式"，通过 CD 光盘特定的运动来表达类似的语意。此外，我们还要研究其他产品类似的运动方式，看是否可以从中得到启发。

从研究这个运动开始，要充分考虑其运动的过程，还有速度或加速等等内容。为了得到实体的感觉，我们可以通过实物大小的模型发展设计构思，通过情境故事板或动画来加强对这个 CD 光盘运动的描述。

■ 设计探索的过程

在本次课题中，我们要从特定风格的音乐出发，充分研究其发展历史、代表作品、标志歌手、特定风格的关键词语，以及与之相关的乐器、唱片、照片、肢体动作、视频片段等许多的东西。这些感性东西的多方面展现，使得我们的设计思考处于情境体验的不断刺激之下，一方面可以细腻体会设计概念发生的特定语境，另一方面也是借助多种形象的刺激，来激发创造性思维的拓展。同时这些还有助于我们把握设计语言的方向。

要注重产品语言表达的创造性——不受任何拘束的更多的讨论；通过草图、演示幻灯片、图解、建立快速模型、制作故事板和动画、快速建模等，来进行有效的考虑和选择；注重从音乐到设计感官体验转换中的思考过程，充分感受音乐的特定氛围，在体验中进行特定的语意表现设计，以在 CD 播放器产品上形成特定的音乐"表情"。

■ 课题要求

1. 前期作业

分组选定音乐类型，挑选代表性音乐两首，同时对选定的音乐类型及其背景进行充分调研，并制作相关电子演示文件。小组集中展示，多方面综合描述其音乐风格，并挖掘与设计有关的视觉为主的多感官联系。

2. 后期作业

完成个性化的音乐产品设计，与所选择音乐风格相符合。

美国乡村音乐风格 CD 播放器

设计：华苏婧、刘钊

该设计以乡村之路为主题符号，意在使人回忆起乡间悠长的小路、金黄色的阳光，勾起归家的思绪。外形让人联想到乡村吉他，又如延展的乡间小路。CD 播放时，塑造出的光效果，给人特定的情境体验。

灵感来自乡村音乐歌手的另一标志物——牛仔帽，进行设计符号的解构再造，并适度抽象，留有观者自我诠释的余地。大面积触摸控制的设计，取代传统的功能界面，意在营造乡村音乐单纯的意境。

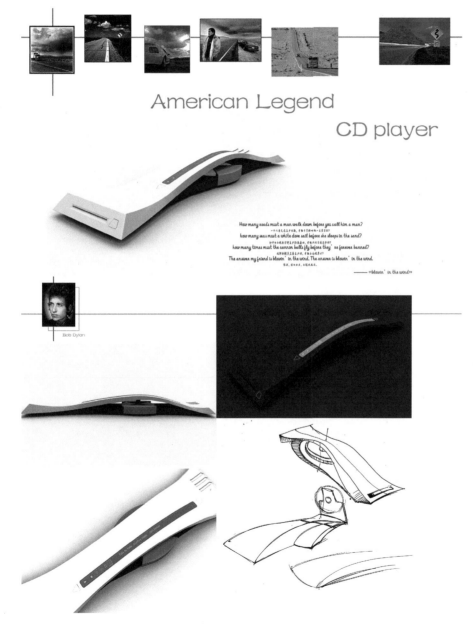

American Legend

CD player

How many roads must a man walk down before you call him a man?
一个人要走过多少条路，才能算一个顶天立地之汉子？
how many seas must a white dove sail before she sleeps in the sand?
一只白鸽要飞越多少海洋，才能在沙滩上安息？
how many times must the cannon balls fly before they' re forever banned?
炮弹要飞过多少次天空，才能被永远禁止？
The answer my friend is blowin' in the wind. The answer is blowin' in the wind.
答案，我的朋友，在风中飘荡。

—— ≪blowin' in the wind≫

Bob Dylan

美国乡村音乐风格 CD 播放器
设计：倪梁
乡村音乐总给人一种在路上的
感觉。该设计选取"路"为主
题，修长的机身给人以道路延
伸之感，以抽象的隐喻手法来
表达背后的音乐特性——一种
浓浓的乡情，并体现人在路途、
音乐相随的感觉。
CD 通过前面板的光驱，运送
一小段距离进入机舱，强化特
定的语意。顶部蓝色条式触摸
控制全部操作，发出淡蓝色光
芒，夜间意境独特。

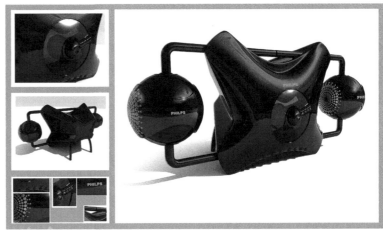

《猫》音乐剧风格 CD 播放器
设计：郝山

该设计对猫的形象、舞台构架及舞台灯等符号进行打散与重组，通过隐喻的设计手法来表现理想与现实的奇想。设计语言适度抽象，给观者以理解的乐趣和多元的诠释。显示区背景灯光随歌曲而变化，如同舞台神秘的气氛。

迈克尔·杰克逊音乐风格 CD 播放器
设计：姚洁磊

杰克逊音乐的节奏感与舞姿的力度印象深刻。选取其作为语意表现的特定符号，视觉化地表达其音乐的个性风格。把舞蹈符号抽象变形，黑白色彩，在 CD 播放器设计中隐喻着其音乐的深刻内涵。

第六讲　语构：语意学设计方法

产品语意派的分类

产品语意学对当今的产品设计产生了较大的影响与推动。今天许多设计师都已认识到，产品仅仅反映或表现功能是不全面的，情感、时尚、文化甚至是民族等都应该受到同样的重视，以回应我们所处的美学经济时代。因此，追求意义的创新赋予——即环境中的象征特性，成为产品语意学要研究的重要内容，产品语意学派也因而常被称为设计文化学派或设计符号学派。产品的象征意象并非凭空创造，是设计师在对产品目标及语境的充分认识下经由特定的意义赋予过程而成的，在不同地区与不同背景下形成不同的派别与方法特色，对今天的设计极具启发。

一、符号语意派

　　符号语意派是传统设计领域最为主要的应用派别。北欧、意大利、荷兰等是主要的影响地区，特别是北欧的很多设计院校，例如哥本哈根设计学院，对此关注与研究较多。这个派别主要集中于大众化的家居用品及相关的商品领域。受设计符号学发展的影响，设计师特别重视"物"的表情开发，即把造型符号化，或把组成单元的意义通过象征手法加以凸显。他们有的从建筑形象中得到想法，有的从人或自然物的原型中寻找启发，有的则从生活符号中进行模拟，还有的从历史文化片段中（例如装饰）甚至从科幻小说中得到灵感。这个派别深受后现代设计，特别是建筑设计的影响，通常表达较为简单，例如有的只是简单的性别暗示；设计往往追求一种"玩具感"——幽默与风趣的风格，或者生活的情趣，或者美好的愿望，甚至是只能感悟的情感性意义。

　　这已成为很多后现代建筑师背景出身的设计师最喜欢运用的风格，例如格雷夫斯的鸣叫壶，斯塔克的榨汁机，马克·纽森的 Lockheed Lounge 躺椅、Hemipode 手表，斯蒂凡诺·乔凡诺尼的 King—Kong 姜饼人形系列、Magic Bunny 牙签盒、Mandarin 榨汁机、Fruit Mama 水果盒，卡姆帕纳兄弟 Blow Up 系列，这些都使相关品牌获得极大的商业成功，成为艺术与商业结合的典范。

　　此外，通过产品原有部件符号的突出或重构组合来表达亦新亦旧的意象，在符号语意派的设计中也出现较多，这对于希望展现品牌特征或延续某种记忆的产品尤为重要。例如奥运期间易造设计为可口可乐设计的奥运 VIP 礼品"超晶导体音响"，将天坛的造型作为基础，引用可口可乐典型的弧形瓶作为变压器的设计，瓶盖造型作为音响的上端台座，希望传递可口可乐为中国奥运带来的喜庆。

阿莱西的 Magic Bunny 牙签盒、Mandarin 榨汁机，重视物的表情符号开发，斯蒂凡诺·乔凡诺尼设计

为可口可乐设计的奥运"音响"礼品，易造设计（《产品设计》，2008 年 04 月刊）

阿莱西的 Inka 外星人冲泡器、安娜红酒起瓶器、外星人榨汁机、洛斯·拉古路夫（Ross Lovegrove）设计的 B.D.Love 长椅

二、指示语意派

指示语意派在当今以界面为重点的信息科技时代越来越受到设计师与用户的关注。其最早起源于德国乌尔姆设计学院，后经日本、美国等企业设计及研究的推动和发展，成为现在产品设计遵循的重要法则。界面语意与产品实际功能的提示有关，它使得产品的技术功能在视觉上得到正确且恰当的表现，解释其如何进行处理和操作，并告诉用户如何去使用产品。也就是说将产品技术方面的功能视觉化，或者强调产品的使用及操控方式，具体包括实体与软件界面。

1. 硬件界面

德国乌尔姆设计学院在课程中重视将美学、造型开发、符号学等知识应用于设计，在造型开发上（原以格式塔心理学为唯一依据）进一步融合了其他心理学、符号学、文化研究等理论知识，强调秩序（条理性）与系统，进而形成了独特的设计语意课程。乌尔姆设计学院相当重视界面指示（标识）功能的研究，并指出，在设计新产品时，对产品语言的沟通指示功能，始终应该是第一步。所形成的形式美学观点大致包括区隔（操控区通过下陷与周

卡西欧 Wrist audio player，突出电子产品界面语意的集中性指示

你不需要用一个说明书去告诉人们怎么使用，它必须很直觉的，让人们自然地去使用。
——深泽直人

博朗公司（Braun）SK4 录音播放机与收音机（上、中图），博朗公司 TG60 + TS45 + L470 录音、扬声器单元组合（下图）

围区隔开来）、对比（通过对比造成提示，例如按键）、表面的质地（将表面的一部分粗糙处理，让人看出是产品握持的地方）、族群（建立 2 个群组，简化操作并提高丰富性）等。

在此影响下，德国博朗公司（Braun）发展出了功能主义的设计哲学，包括突出操作的视觉化、协调复杂性与秩序之间的关系等，其硬件界面设计至今仍是典范，例如收音机 T1000、唱机 SK4、音响组合 Atelier 等就是经典的案例。后来意大利奥利维蒂、日本索尼等在 20 世纪 60~80 年代在微电子技术支持发展下，结合感性美学，进一步发展出更具人性化的界面语意表达，例如索尼的便携式磁带录像机 SL-F1E（1982）和 Betamax（1980），意大利奥利维蒂（Olivetti）的电子印刷台式计算器 Divisumma 28（1972）与计算机 Logos 42-a（1977）等。

20 世纪 80 年代微电子技术的发展在改变了产品世界面貌的同时，也进一步推动了界面设计的表现形式：源自机械时代的显而易见的实体性指示逐渐消失，取而代之的是更多的电子界面，甚至是现在的触摸式"数字虚拟界面"。此阶段界面语意设计的发展，很大程度上受日本企业界和设计学界的影响，他们在解析设计脉络时常与人—机—环境的架构所联系，认为目前高度电子化的产品设计，设计重点应放在人—产品的操作认知界面以及产品—环境的协调界面上。因此，这其中具体包含了产品操作的提示性、产品操作的暗示性以及产品在环境中的象征意义等。例如索尼在 80 年代推出的"随身听"及其 90 年代后续推出的 MD、CD 机（D-50A）、迷你笔记本等消费电子产品都展示其在此方面的进展。在欧洲飞利浦设计较为突出，例如迷你调频立体声数码机（1991）、系统监视 VSS8250（1995）等。

指示语意派认为，好的作品通过我们的直觉，而不是靠说明获得功能

迪特·拉姆斯（Dieter Rams）带领博朗发展出
了功能主义的设计哲学

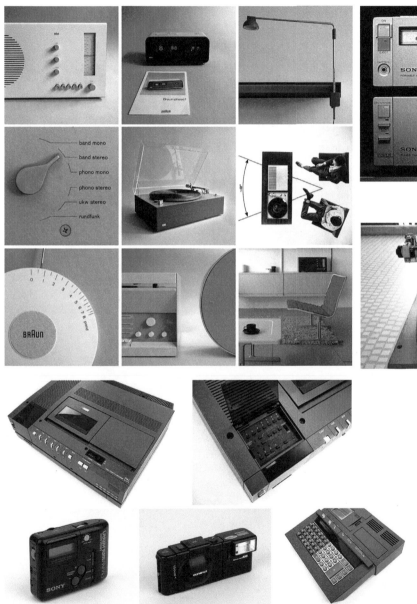

索尼便携式磁带录像机

奥利维蒂（Olivetti）打字机

索尼磁带录像机 Betamax、奥利维蒂
（Olivetti）Logos 80 D 计算机（Mario
Bellini 设计，1980）、索尼随身听
SRF M45（1992）与奥林巴斯小巧的 XA
相机（1979）

贾斯珀·莫里森设计的 Rowanta 咖啡机和热水壶,注重物品功能价值的本身表达

SAS SEB 的 Cookeo 多功能炊具,数字控制面板功能显示清晰,可以本能、直观和交互地进行操作

柯尼卡美能达 Bizhub C3850 多功能彩色打印机

信息和意义。这种直觉往往是靠形象而具指示性的形式来实现,而不是通过单纯形式的简化;另一方面也要从使用者的认知行为需要(习惯性反应)出发,即不一定要通过内部的结构来确定产品的形式。因此,这也是设计中允许个体解释和个人叙述自由度最小的区域。就总的设计原则而言,诺曼(1989)清楚提出在为科技产品造型时要考虑的几点:

——可见性

只要一看,使用者便能发现这个产品是在何种状况下,呈现出哪些可能的行为方式。

——好的概念模式

在描述操作过程及其结果时,指出它们之间的关联,也要清楚这个系统关联性的样貌。

——好的互动呈现

行动与结果之间、操作装置与其作用之间以及系统状况与可见状况之间的关系是可以确立的。

——回馈

使用者得到关于他行为结果的完整及持续回馈。

需要强调的是,对全部指示功能作清晰的界定和划分是不可能的,同样也是不重要的。在每一件产品的设计发展中,更重要的是合理权衡应该特别强调哪一种符号。同时特别要注意,不要在装有微处理器的电子产品上出现"功能信息超载"的问题,即能够执行的功能越来越多,以至于消费者无法完全理解功能甚至根本不用。

2. 软件界面

更值得关注的是,今天的产品,信息产品在智能硬件技术和操作系统

的推动下，实体操作界面大部分被精简，软件界面超越真实的硬件，成为设计的核心。不同于二维或三维空间的硬体界面，虚拟水平的界面符号包含了时间因素，其指示、尺度、构架、互动、反馈、体验等需要新的认识，不过，好的指示设计同样必须唤醒用户使其产生独特而熟悉的体验，即可用性与体验性的平衡。

MODZ 血糖仪彩色触摸屏，其卡通的特点使用户更好地理解实验结果的意义

　　就表现内容而言，主要包括封面、图标、菜单、工具栏、状态栏、导航栏、按钮等元素，这些元素有的是对操作方式的可视化，有的是为了显示产品的运行状态，还有的是为了增加使用的乐趣。表达功能操作是其意义的重点，在界面信息高度集中的有限空间中要做到一目了然，其界面的意义表达要坚持以用户体验为中心：

　　■　从易用性看，图标、按钮等要准确直观表达出功能，要根据重要性与使用频率进行排列。

　　■　从时间性看，要符合用户的行为来定义操作流程，前后保持一致性，而且层级不宜复杂。

Vitotrol 350 远程控制，彩色触摸显示屏布局清晰，操作直观，不言自明

　　■　从认知来看，要符合用户认知习惯，能在有效的范围内吸引用户的注意力，例如在屏幕对角线相交的位置是用户直视的地方，正上方四分之一处为易吸引用户注意力的位置，又例如有的深色背景风格的按钮适合应用在浅色背景上。

　　■　从体验性看，界面应该大小适合美学观点，感觉协调舒适，同时要具有自己独特风格，以传播自己的个性与理念。

　　交互体验性是当今的智能产品的界面最重要的特征。一方面信息图标更富动态和视觉效果，其点击操作或者文件展开，结合声音、动画以及生活中熟悉的事物动作创造出新且熟悉的体验，例如 iPod Touch 中的封面流、

Classic Usages，数字虚拟界面成为语意设计
的重点，2006（左图）
Gigaset Maxwell 10 商用电话，其软件界面
针对专业用户具有较好的交互性（右上图）
奥迪虚拟驾驶舱，图形界面排列清晰，显示
所有信息，包括经典与娱乐两种显示模式（右
下图）

索尼爱立信 Rachael 的照片河（Photo river）等；另一方面，其界面与动
作的交互性更具特色，例如 iPhone5s 中专辑视图，竖直持握时显示专辑列
表，横向持握则显示音乐专辑的封面流，有的 APP 布局页面会因 iPad 横
置或竖置呈现不同的内容布局以自动适应阅读习惯，而快速的晃动 Nano
机身，实现自动更换曲目，并会伴随"叮咚"两声换曲提示音，带来操作
的随意。

软件界面风格是另一个重要的特征，苹果 iOS7 从拟物到极简的发展对
当今产品界面影响广泛。为了信息图形意义表现的可见性，有必要充分发挥
用户图式与日常经验的重要联系，即使是在二维虚拟空间中将真实世界压缩
与简化下，始终是用户在最初阶段自然、直觉地理解符号意义的最佳方式。
这种拟物设计（Skeuomorphism），是通过模仿现实物体，来帮助用户获得
自然的心理感觉，例如在 Passbook 中，如果你删除了一张票，便会有一个
虚拟的碎纸机来剪掉这张票。iOS 最初的拟物界面使本来模棱两可的东西变
得一清二楚，拟造出一个亲和熟悉的操作场景，这些帮助用户在触摸屏移动

苹果 iOS6 的拟物设计界面

设备刚开始的阶段，简单地理解符号的意义与学会如何使用。

    事实上，某些设计师套用拟物的名义，做出了夸大的、不自然的、甚至是过度的设计，有的在不必要的场合滥用拟物。随着越来越丰富的内容加入与需要适应多个屏幕尺寸和分辨率（包括以后的 iWatch、iTV、iCar 等设备），苹果系统的用户界面逐渐变得纷乱复杂。为此，受德国已故传奇设计师奥托·艾舍（Otl Aicher）的启发，iOS7 转向扁平与极简，简单的形状加没有景深的平面，元素的边界都干净利落，移除了很多纹理、阴影、渐变和拟物因素的装饰效果，使得界面干净整齐；强调的是信息本身，不是冗余的界面元素，使用起来格外简单。微软的 windows 8 以及 windows phone 和 windows RT 的 metro 界面是扁平化设计最早的典范。但 iOS7 与微软的 Metro 的抽象不同，Metro 太重视"纯信息"，而 iOS7 的设计则是一种进化，处在这两个极端之间的某个地方，如同过渡型（Transitional）字体向机械化的现代（Modern）字体的进化。

    事实上，无论是拟物还是扁平化设计，是否可以经得起时间的考验，其实就像现代主义设计与后现代主义设计一样，都取决于情景。拟物，是默认将显示设备包括使用环境视为白纸，而让显示内容成为中心的设计；而扁平风格，是将整体环境考虑进来的设计，使用环境甚至显示设备都可以非常复杂，而这一切复杂要靠简单的界面风格来平衡[1]。拟物如同在充满文艺气息的咖啡厅、静谧祥和的后花园、简洁素雅的工作室中，给你以令人赏心悦目的体验，而扁平风格如同你步履匆忙地行走在人群中、挤在拥挤的公共交通里所想要的简单。拟物就像面向初学者的一种教学方法，6 年后，大家已经不再需要这种教学工具了。

奥托·艾舍（Otl Aicher）的极简设计作品

苹果 iOS7 的扁平化界面

微软 Windows phone 的 Metro 扁平化界面

---

1 苹果，你所不能放弃的拟物，http://www.cnbeta.com/articles/240643.htm

伊莱克斯 UltraOne 吸尘器，操作按键设置在
两侧，信息图形显示清晰

QUARZA 全自动咖啡机，功能分区清晰，界面
友好，操控指示简洁生动

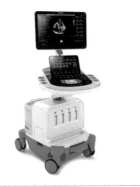

飞利浦 EPIQ 超声波系统，操作界面设计清晰，
符合人体工程学

事实上，并非所有拟物界面都难懂，它们中的大多数反而都很好懂，一目了然。而有的扁平风格却是高深莫测，理解不易，而且缺少了装饰效果的差异使图标与壁纸背景的搭配增加了难度，识别性不如以往那样的清晰。

可以想象，不久的明天，软件层面的虚拟界面设计，会进一步超越真实的硬件造型与界面，成为未来科技产品意义表达最为重要的载体。

附录：部分可参考的界面设计原则

1. 定位

界面的设计要以使用者为导向，力求简洁、清晰，注重体验。

2. 相近归类与区隔

要将繁杂的操作键及指示分区或性质归类布置，通过不同的形状、色彩、材质及指示线来加以区分说明；一个产品的操控区，可以通过使之下陷，也就是和周围区隔开来，给予明显的强调。

合理利用装饰，装饰在某种程度上更能够巧妙地解决操作界面的处理与分隔。

3. 流程

要按照操作的流程、使用的重要性和频率来进行分区排列布局，也要注意视觉的流程与层次等。

要注意分区间和分区内元素的呼应性（闭合）。

4. 操控

在简化操作流程的同时，形象而生动地体现各部位的功能与操作。探索每一个具体功能所能运用的最为简洁且生动的造型塑造。

不同形状或颜色的按键代表不同的功能指示，无需用文字注解即可形

象地将其应用性立刻明显地表达出来，告诉使用者如何使用一个装置的细节
（例如推、转、滑，用力地还是轻轻地，用指尖或用整只手）。

5. 对比

运用各种造型要素，如形状、大小、肌理、色彩等的对比，使界面重
点从背景中分离出来，更加强化标记出的提示功能。

各种重要的造型要素，如控制电源、按键、音量等控件与指示设施等，
在一定空间要适度集中，同时与周围在形态、色彩或材质上的对比，例如将
表面的一部分予以粗糙处理，可以让人看出，哪里是产品握持的地方[1]。

6. 精确

涉及某个产品应该作用或被调整到何种精确程度的视觉化，对于需要
操控精确水平高的电子产品或科技产品尤为重要。

准确的特征还有精致的细节、锐利的边缘，完美的表面质感、清晰的
线条及棱角与形式美学上的高度秩序[2]。而在虚拟界面中多通过类比式或数
字式的视觉化设计来实现。

1　[德]Bernhard E. Burdek. 工业设计：产品造型的历史. 理论与实务[M]. 胡佑宗译. 台北：亚
　　太图书出版社，1996：222.

2　[德]Bernhard E. Burdek. 工业设计：产品造型的历史. 理论与实务[M]. 胡佑宗译. 台北：亚
　　太图书出版社，1996：225.

任天堂革命性游戏手柄，不仅注重硬界面的
设计，而且在不同类型的游戏中可以使用各
种不同的控制方式，体现与人的动作的交互

飞利浦 Efficia 除颤监护仪，控制元件的直
观布局增加了病人的安全

飞利浦音响界面设计练习，叶鑫、费钎设计

课程：形式的意义——水龙头的意义
指导：Bruce Hanington
学生为特殊环境的公共浴室做水龙头设计，
这些环境包括以下 6 种中的一个：夜总会、
高尔夫乡村俱乐部、书店、电影院、泛亚洲

餐厅或高速公路休息站。
造型的意义是通过把功能（人类工程学、直觉的使用）
和表达（美学、内容的隐喻、解释）相结合的整合式
方法加以表现。（资料来自卡耐基梅隆大学设计学院
网站，2007 年春季）

7. 与人体的关联

不仅涉及产品直接适应人体测量的条件，而且涉及对人体测量条件联想式的提示。即最高程度的合适性并非是从最佳的人体工学条件而来，象征性层面起着重要作用。

三、情境语意派

产品的情境是指在一系列活动场景中人、物的行为活动状况以及人们的心灵动作及行为，特别指在特定环境及特定时间内发生的状况，体现出一种人与物的关联性。情境的概念与符号、界面等单一概念相比，具有一种扩展性与综合性，使语意设计从静态更多地走向动态的互动过程。因此，情境比一般的概念具有更好的整合能力，也使设计师更容易把握。

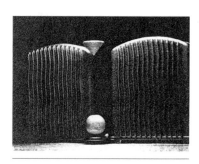

美国克兰布鲁克艺术学院语意学作品"烤面包机"，注重烤面包时热气腾腾的情境语意，Van Hong Tsai 设计

情境语意派起源于美国东部的设计学界，它重视产品的使用情境与生产（即组装）情境，还重视从人的心理情境、文化符码系统带来的文化情境，来引发与决定产品语意设计的方向，简言之，即关注人—物—环境意义互动与体验过程中的语意感受。美国克兰布鲁克艺术学院的麦科伊教授是该派别主要的推动者。应该说，与其他相比，情境语意派更重视语用的效果和感受，注重产品的使用体验过程，特别是刚开始使用过程中产品所呈现的意象，以营造出身临其境的感觉。

"喷泉（Water Fountain）"净水机，斯塔克设计，1999 年（左图）；雅马哈电子大提琴（右图）

麦科伊教授在探讨语意学对产品造型的影响时，主张从以下几方面的情境语意来思考设计的方向，以便进行叙述性的设计表达：

1. 人的使用习惯（Ritual of use）：主要考虑产品造型在日常生活的意义或所扮演的角色是什么，产品的使用是否也是一种例行仪式？特定造型在日常生活中或传统观念中有其特定的角色意义，例如日本的饮食与茶道器具即有仪式

RIMA 灯，直观感知的互动，采用滑动小环的
方式控制灯的光亮范围，
Matthias Pinkert 设计

瑞士 Freitag 环保包，通过网上亲自动手参
与包的裁剪和设计过程，使消费者产生过程
式的整体情境感受

化的意义。生活中某些特定"仪式性"的场合需要产品以特定的意义形象或使用过程来加以表现，从而使用户在情境体验中实现与产品之间的意义互动。例如克兰布鲁克艺术学院设计的烤面包机，即是注重烤面包时热气腾腾的情境语意。

2. 人对产品的操作（Operation）：控制、显示、外形、色彩及材质等方面语意表达是否明确，各项控制键的关系是否清晰，操作是否易于理解，是否引导正确操作行为，这些都使操作成为一种情境性的使用过程。对于数字产品的虚拟界面来说，其操作更能产生互动体验式的感受。

3. 人的记忆（Memory）：产品造型是否让人感到熟悉、亲切？一个新产品未必要以一种全新的造型语言出现，而是可以从一些旧有形象上寻找一些共同的记忆符号，来创造产品语言的历史连续性与熟悉性。对于新的科技产品，设计师可用早期具有相似功能或相关联系的物品来唤起它的定位，借助历史产品的印象或特征细节来赋予新产品以意义。新的产品造型形式与人的记忆的互动，能让使用者产生心理或文化情境的体验和触动。例如雅马哈电子大提琴选取传统乐器的外形赋予新电子产品以识别的记忆。

4. 产品存在的环境背景（Environmental context）：该环境背景主要指产品符号周围的物质环境氛围，包括共时性存在的相关产品与环境空间。产品的形态、大小、色彩、材质等要素，对其周围环境的适应与协调也会产生

情境的意义感受。

5.产品的生产过程（Process）：主要考虑产品如何生产或如何组装搭配。这个过程，无论使用者是间接了解，还是亲自动手参与，哪怕只是部分参与，都会给人一种过程式的整体情境感受。例如瑞士 Freitag 环保包，消费者通过网上亲自动手参与包料的裁剪与设计，使其有过程式的情境感受。

此外，产品的文化背景（Cultural context）、使用者对该产品的可能的需求及期望也都是产品语意发展的思考方向之一。在此基础上，需要应用各种符号学设计方法建立科技产品与生活情境之间的视觉关联，最终在造型上表现出来。

总之，情境语意派与指示语意派相比，更注重整体情境的特性，其语意符号的使用更丰富、也更具整体性。而且，情境语意派更深入地考虑产品动态使用过程所可能散发出来的语意，而不只是产品静态的语意。可见，情境语意派对于高度电子化的产品而言，结合其科技特性与支持手段，有助于为其极简的造型或抽象的操作增加更多说故事的品质，即营造一定的叙述性，而这正是目前信息科技产品较为缺乏的。

强调动态使用过程中的体验，包括通过把金属物放在台座的触点上才会点亮的台灯、通过在杯子里随意放上什么东西创造自己的闹铃，蒋虔、吴逸颖设计

ELVIS 音乐风格 CD 播放器，来源于猫王 Elvis 的经典摇摆动作和舞台光影，希望再现拉斯维加斯的霓虹灯及舞台意境，于璐设计

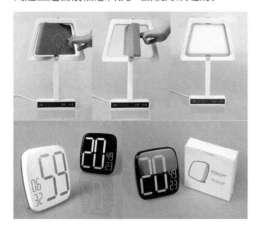

Whole day 好时光系列 "Front side and reverse side" 灯，通过灯光面板的翻动，开启或关闭照明；"Rapid and slow" 钟，表盘数字随着不同的时间段放大秒针或时针，给人以快速或平缓的感受

日本"路上观察学"，"未明的云朵：一城七街"展，台北市立美术馆，2014.5。将观察结果利用相机、手绘或是文字记录下来，还会设计工作表格、规定记录准则、为特定物件命名。主要关注城市生活者在无意识间塑造出的造型物，以及自然现象遗留的痕迹，更进一步说，或许可以从这些发现的物件中再找到"崭新美感"

目标的展开

产品语意学的理论和方法拓展了产品设计的创意思维和创作途径。虽然语意设计在某些方面常被视作是一个诗意的创造过程，但事实上产品符号的创造毕竟不同于文学语言，而是有目标的行为，很多情况下都是在较为清晰的商业目标指引下，经过大致程序在一定感官空间中（主要是视觉）的弹性创造，亦是在基本要求及要素大致确定的情况下，面向具体设计对象的视觉语言创造。即使在艺术产品创作中以感性、形象思维为主导，也需要后期与理性思维相结合，使设计结果的呈现更加清晰有效，例如可用性、经济性等。

一、语意设计的程序

美国俄亥俄州立大学工业设计系的莱因哈特·巴特教授在为Dailmer-Benzag/Freightliner运输公司所做的设计项目"卡车驾驶舱内装与界面设计"中，提出了产品语意设计的八个步骤，其使企业或商业的目标要求与语意设计有较好的结合，即不局限于美学品质，同时也兼顾企业的市场目标、使用需求与制造的可行性。大致分观察研究、框架（模型）建立、转换应用三个阶段进行。因此，在此基础上语意设计的程序可以大致如下：

1. 建立产品设计的目标和特性，包括某些限制也需要明确。

该步骤是指在设计之初要明确设计的目标、具体的设计任务和客户的具体需要，即为谁设计、在什么时间和场合使用、具有什么功能角色、是什么样的产品，需要达到什么效果。这往往通过各个层面设计问题的收集、分析及比较，使其概念化，逐步形成明确的设计目标。其中差异化与"生活形态"（目标群共同的活动、兴趣与意见的归属性）两个重要概念构成了产品符号象征的出发点。产品是否受欢迎，很大程度上取决于它是否成功地搭接上预设目标群的标准及价值观（特别是美学与象征的标准）。当美学的标准以不同的社会文化因素为基础，对识别形式及认同渴望的掌握、阐释及将之转化为造型，无疑比"好的造型"要难上数倍[1]。

但对于突破性的创新而言，这远远不够，多元的关键诠释者关于设计事物潜在意义的见解、诠释或对话分享更为重要。关键诠释者具体包括艺术家、研究与教育机构、社会学家、人类学者、行销人员、媒体、消费大众、设计师、技术供应商等。维甘提指出，他们关于设计问题的观点脉络更广，不是关于具象的使用方式，更是关于生活的脉络；主题更广，不是一个特定产品的使用者，而是一个人，并将他整体的心理、文化与社会背景纳入考量；目的更广，不是某种实用需求，而是在这种情境下做事的理由（不仅有实用的层面，也包括情感的层面）[2]。

此外，某些必要的限制性要求也需要在一开始就加以明确，这往往容易被忽略而在后面阶段引起问题。这个步骤涉及到的内容常与企业或商业的设计要求有关。

2. 确立产品预期的使用情境和文化情境。

通过倾听和综合目标消费群的需要与其他关键诠释者的相关设计论述，进一步明确使用产品从事具体活动的状况、人—物—环境间以及社会文化情境中的意义互动，并将其连接起来。这个阶段并非只是简单文字的描述，更

家用概念取暖器设计过程，包括建立产品目标、使用情境以及产品语意的来源

1 [德]Bernhard E. Burdek. 工业设计：产品造型的历史. 理论与实务[M]. 胡佑宗译. 台北：亚太图书出版社，1996：239.

2 罗伯托·维甘提. 设计力创新[M]. 台北：马可孛罗文化，2011：169.

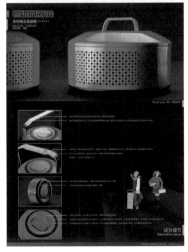

家用概念取暖器，赵彭设计

可以具体通过情境图板和故事板的洞察工具，具体描绘常会碰到的问题点、潜在的需求点、使用的差异点与社会、文化互动中的新机会点，并把这些形象化起来，为抽象的意义建立预期的、感受深刻的概念性情境。从这种更广的情境出发，更丰富的创新环境便会浮现。

3.列出设计中所需要的与所要避免的属性特征清单。

这是在明确设计方向时所必须要做的工作。要明确列出应该支持或属于"喜欢"需求的属性和与概念有冲突、应该避免的属性的关键词语。这些词语常通过产品语意的访谈或语意差异分析（奥古斯汀）获得（在很多产品调查类书籍中有详细介绍）。并且进一步寻找支持上述属性特征关键词的造型语意图片，将抽象的意象词语视觉形象化，这将有助于形成设计的参考，也是设计特色明确化的过程。

4.将上述属性分析、群化和排序，寻找用以转换的特征性原型。

从上面步骤会得到一系列各种属性特征的关键词语，因此有必要对其进行分析，对相似的进行群化，从中挑选出有代表性的；同时对其重要性进行大致排序，需要凸显进行特别的强调。在此基础上，积极寻找语意的"原型"，进一步将概念属性进行特征性的视觉转换。

5.进一步寻找支持和演绎发挥上述属性特征的造型语意，可以是局部的，也可以是片段式的设计符码。

在概念"模型"的指导下，通过"自由联想"和"头脑风暴法"，寻找各种产生语意的视觉符号要素来演绎抽象的属性特征，包括形态、色彩、材料、结构或者动态的操作过程等各种语意表达的媒介。并通过图像、指示和象征等多种途径来尝试表达不同的语意重点。其中，从产品预期的使用情境和文化情境中也能提取出很多创作灵感，较具表现力。

6. 设计整合应用，即对各种语意上可行的要素符码评价、选择和整合，使之成为表现性的符号系统。

在设计要求和属性模型的参照下，对各种语意表现的视觉符号要素进行比较与评价。然后，选择符合预期的部分要素符号进行合理搭配和系统性的建构，使其成为由内外秩序所构成的整体和意义整合的象征系统。

7. 设计评价。

一方面是对语意的具象造型是否符合要求进行评估。这个过程中需要目标消费者的参与，按照预期情境与目标设定，对设计方案进行测试或举行座谈来得到用户的评价，并在此基础上进行深化和修改。另一方面，也需要评估技术实现的可行性和制造诸方面的配合度，包括成本、技术、制造、市场等多个方面。

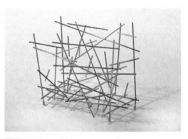

Blow up 系列，取意自杂乱天线形成的天际线的"混乱感"，卡姆帕纳兄弟设计

功能原型	+	使用者情境	+	社会意义
• 功能范围 • 技术原理 • 基本生理使用原理		• 使用者感觉模式 • 定型行为模式 • （stereo-type） • 使用者视觉阅读能力 • 使用中、使用前后情况		• 使用者文化背景 • 社会对此产品的 意义要求

语意观在造型发展上的应用，林盛宏，1987

二、语意原型的选择

产品形态的意象表达，总是选择能引起某种联想的具体物象来抒发内心的世界特点，选择与主观情感、思想能糅合的来塑造形象（苏珊·朗格）。同样，语意设计的过程中，寻找"语意原型"的符号意象来传递产品概念信

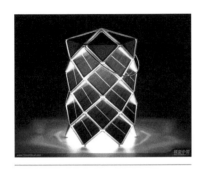

太阳能灯 Lampion，原型来源于蜂巢，白天吸收太阳能量，夜里照亮室内和庭院

瓢虫的符号语意原型在燃烧炉产品上形成鲜明的特定意象表达

吉马德以扭曲的树干或缠绕的藤蔓造型为主的巴黎地铁出口

息和属性特征，也是设计成功的一个关键。所谓原型（Prototype），即经过归纳、概括和抽象化处理的典型性特征的综合，是一种有意义的形式。原型在文学、心理学与建筑学中是一个很重要的概念。同样，产品的视觉信息是以"原型"符号作为载体，将产品功能、操作、美感等传达给人。通过原型物的隐喻与象征，既在设计师与使用者之间双向地反馈与传递，同时重新诠释人与物的互动关系，使人与物之间产生"对话"。

林铭煌在参考荣格（C.G.Jung）、弗莱（Northrop Frye）、费希尔（Volker Fisher）等概念的基础上指出，原型的概念是一种心理现象，在人类学中的指称即是人对特定事物的形式或类别具有一定的认知印象，某些概念印象正根深蒂固地烙印在人们心目中的概念系统。因此，在设计艺术中最为重要的是形象记忆（表征）。当人们被要求回忆（再现）某个熟悉的形象时，他不会记忆起这个形象的所有细节，而只是原型。更重要的是，在此交流的过程中，它能唤起观众或读者潜意识中的原始经验（集体无意识），使其产生深刻、强烈、非理性的情绪反应。例如洛斯·拉古路夫（Ross Lovegrove）设计的 B.D. 长椅的自然原型，容易引起主题的联想与情感的共鸣。所以，原型的存在源于交流与理解的需要，以"原型"为符号是传达设计信息的较佳媒介。原型理论有助于理解隐喻、换喻及母题重复等概念。

德国斯图加特艺术学院产品设计系主任克劳斯·雷曼（Klaus Lehmann）在 1991 年指出，产品或物品语意上的意义有许多丰富的符号隐喻和意象，其语意原型的来源大概分为五类：

1. 从可解读的机械原理取得意义；

2. 从人或动物姿势的象征符号取得意义；

3. 从熟悉的抽象造型符号取得意义；

4. 从科技符号或当时的杰出模式取得意义；

5. 利用风格上或历史上的隐喻来回忆文化传统的意义，这种手法在后现代建筑师和设计师中流行使用。

综合杨裕富和王清良等学者关于原型的理论观点以及对设计案例的分析，笔者认为原型在产品语意象征中的分类大致有三种：

1. 自然物

自然物的有机形态及其组合，常是艺术家或科学家创造力的源泉。大自然中一些造型、质感甚至是不经意的细节曲线，都不是从传统的数理系统或工程原理而来的结果所能比拟的，其效果常为设计师和艺术家所学习模拟，即仿生。这种自然物具体包括人或者动物、植物等形态或姿势，其整体或局部的造型中隐喻着自然的信息，让人产生自然的亲近感觉，常常是激发新的设计创意灵感的最佳参考。原型的模拟，不管是具象还是抽象的设计转化，都能使人产生丰富的联想，建立起自然意义的联系，这不只是现代或后现代设计中常用的形式，其实在西方的设计史中也经常出现，例如米开朗琪罗的美狄奇教堂以脸形图像为细部、吉马德以扭曲的树干或缠绕的藤蔓造型为主的巴黎地铁出口等。因此，将这些承载特定信息的自然原型在设计中加以抽象、应用和转化，有技巧地整合成艺术的形态，有助于轻松达到特定的

从自然物中取得意义。动物、植物甚至人的符号原型隐喻自然亲近的感觉

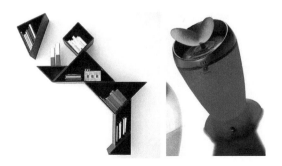

取自各类人工物或人工场景的语意原型，创造出熟悉又陌生的意象。

家具设计，借鉴建筑的柱式，Wagner murray architects 设计（左图）

银质咖啡具，罗西设计，阿莱西，1981，是威尼斯水上世界剧院的微缩，还可进一步联想起威尼斯圣马可广场的钟楼（中左图）

"Bookshelf audio" 书架音响，书和音乐作为文化音乐象征，其意义有着自然的关联（中右图）

"潜水艇" 便携式 CD 音响（右图）

咖啡壶，罗西设计，阿莱西，1982。把熟悉的建筑符号用到银器设计中，具有划时代的意义

语意效果。例如安娜启瓶器、人脸苍蝇拍、牛头造型的干酪研碎器套装、英国 Ty Nant 水流形态的矿泉水瓶等都是经典的案例。

2. 人工物

对于人类创造的物品，我们在长久使用某种产品造型、功能或结构之后，其造型与功能性总是自然会存储于大脑之中，因而每当我们见到此造型时，便会引发一连串的相关的想像和使用的愿望，例如哥特式教堂、巴洛克柱式、德国博朗 20 世纪 60 年代的收音机等。这种人工物原型，大多是熟悉的技术造型符号或日常生活物品符号，意象所隐喻的或是一种感觉、或是一种记忆的片段、或是一种熟悉的使用方式及习惯、或是一种久违的情境。该类原型可以让人们通过视觉上的隐喻了解产品的特性或用途，让使用者知道如何去操作，或者理解透过设计所要传达的象征意义并产生联想与使用的乐趣。总之，借助人造物既定意象的精心选择，将有助于使产品被象征原型的意象所自然感染。例如詹克斯、罗西为阿莱西设计的微建筑风格的咖啡具，索尼的"潜水艇"便携式 CD 音响，宋宰汉（Jae-Han Song）设计的"窗"（Window）空气净化器即借用了打开的窗户来表达流通空气的功能。

3. 历史（文化）物

历史（文化）物，即历史上或文化上的隐喻，多被用来回忆文化传统的意义或时间上的某段记忆，与具体物品的历史或文化背景建立联系。在历史和文化中，很多物品或部件的具体形式实际上都蕴涵着我们的经验和历史，表达着丰富的文化意义。对它们的使用，是后现代设计师所热衷与流行的，通过对历史（文化）物的引用、嫁接或重构，很容易使产品建立起历史文化的时空联系，从而让使用者想起更早的东西。

综上所述，设计中"语意原型"的选择与意象的表现是产品语意中最为本质、也最关键的内容，具有表达物质和精神世界的典型而又特别的文化特征。一个符合设计的要求又充满想象力的原型形象可以表现出丰富的意义，成为表现情绪、活力、使用方式等各种意涵的隐喻符号，有助于使设计师和使用者在对人类生活和环境有积极意义的产品符号载体上进行交流与"对话"。

语意学的设计运用

后现代主义建筑很重要的部分就是建筑符号学在设计中应用，并形成诸多较具特色的设计方法，无论是文丘里、格雷夫斯等对古典主义的借用，还是弗兰克·盖里（Frank Owen Gehry）的解构主义建筑，或者里伯斯金德（Daniel Libeskind）在建筑中加入文学化的解释，无不对后面的设计产生了较大的影响和示范，刘开济的《谈国外建筑符号学》对上述方法作了总结。产品语意主要的设计应用方法也深受建筑符号学创作手法的影响，并结合产品自身的特性、背景以及与用户的关系形成了自己特定的方法论。

产品和建筑一样，在意义的很多方面有含蓄的特性，只能使人联想、

通过祥云图形与纸（文化物）、瑞士传统的鹿头壁饰（文化物）、Josephine 灯与古典符号（历史物）、Anti-series 桌椅与建筑斗栱（台湾实践大学章若董设计）（历史物），来建立传统与现代的关联

贝聿铭在苏州博物馆新馆、中国驻美使馆新办公楼、香港中银大厦等作品中多用三角形和四边形

设计元素有变化的重复，强化了产品的意义和观者的印象

艾利和（Iriver）便携音频播放器，棱角设计的强调与重复

让人领会，而不能也不应该直接指出来。设计师试图借助各种特定的手法突出设计语言的符号特征，引人注目，传达信息，带动感悟，留给接触和使用其作品的人以深刻印象。对这些方法展开探讨，有助于设计师开阔思路、启发灵感，创作出有新意且为人所理解和欣赏的作品。

一、强调——重复与多余

产品语意学认为理解产品，如同"阅读作品"，重要的一点在于产品将众多重复的信息反复作用于人的感官，从而把信息强烈地传递给观者，如同音乐作品中以各种变奏形式出现的主题，令人难忘。设计师借助重复和多余的手法，经常把某个基本图形或某种形式节奏，用各种不同的材料，借助不同的构件，在不同部位重复出现，[1]可以使观者产生深刻的、难以忘怀的感受和印象。这是建筑设计中常用的手法，被称为"母题重复"，例如贝聿铭在苏州博物馆新馆、中国驻美使馆新办公楼、香港中银大厦等作品中多用三角形和四边形的重复。

符号的不断重复能够增强人们的记忆，是因为在每次重复学习中，人们会在原有原型印象的基础上，不断补充增加新的特征元素，拓展和补充原型的细节，从而使其特征性让人难忘。产品符号要想传达意义，就要有能被人理解的符码，但并不意味着一定是陈旧或已知的符号。这种符号可以是新的、不为人所熟悉的，但借助重复和多余的方法，经过反复强调，也同样可以建立起新的印象和特征联系，最终是会被人理解和接受的。例如 TP-link3G 无线路由器中自然形重复与对比。

---

1 刘开济. 谈国外建筑符号学 [A]. 顾孟潮 等. 当代建筑文化与美学 [C]. 天津科技出版社，1989.

二、引用——新旧结合

　　引用是历史文化意义延续的常用手法，表现为将某种具有特定历史、文化意义的部件或材料从原来的系统原型整体中截取出来，与新的目标产品结合，来创造一种新旧结合的感觉。它是一种意义符号的自然引用，是为了创造一种有意义的自然链接，而非为了创造某种新奇的效果，这应与解构或置换的手法相区别。例如朗香教堂中对哥特时期的洛桑大教堂彩色玻璃窗的引用，日本水品牌 Fillico 的瓶盖设计对 13 世纪腓特烈皇冠与后冠的参考，以及法国依云矿泉水纪念版 Merry Cou Cou 云裳瓶对宫廷复古装饰图案的引用等都是这样的例子。

　　一个有民族传统或历史经验的产品的可识别性最直观的表现是特色构件，或称"特征符号"。狭义的"特征符号"，主要指产品形态上最直观的特征，而广义的"特征符号"也包括富有民族和地方特色、历史特色的各种产品、建筑的处理手法和比例关系[1]。这是本民族观察和理解的特有的结构，是一个民族漫长发展历程中积淀下来的。在全球化的交流和融合的过程中，设计中的某些符号系统的标志性和可识别性常常会逐渐减弱，而有些设计中所用词汇也可能来自西方，但词汇组织起来的语法却可以具有强烈的本民族特色。

　　王贵祥的《建筑的文化性与现代建筑文化》指出，在艺术设计的观念上，欧洲人重模仿，艺术是模仿的产物（亚里士多德），而模仿的升华就是特征，就是表现对象的"某个主要或突出的特征"。因此欧洲的建筑师和艺术家的

1　倪尤培．矶崎新："清醒的精神分裂"[A]．许力．后现代主义建筑 20 讲 [C]．上海：上海社科　　院出版社，2005: 167.

文丘里所强调的保持传统是要联系过去和现在，使建筑更好地适应要求，更能为人接受，而不是要倒退、复古。他把历史和传统的建筑要素作为可以传递信息的客体，强调它们的含义，提倡通过它们表达的意义和给人的联想达到对传统的继承。

——《当前西方建筑创作中的非现代主义倾向》，李涛

陶制收音机，结合了陶瓷的质感，为电子产品设计带来全新的文化意象，叶智荣设计

积家空气钟 Atmos 561，参考 Atmos 1930 怀旧经典款，马克·纽森（Marc Newson）设计

法国依云矿泉水 08 纪念版 Merry Cou Cou 云裳瓶，引用宫廷复古风潮（左图）；璀璨流传之水，日本水品牌 Fillico 推出的 Beverly Hill 皇冠包装，灵感来自 13 世纪腓特烈二世的皇冠与后冠（右图）

维特拉家具公司家具博物馆，弗兰克·盖里设计（上图）；
多伦多现代风格展馆 Michael Lee-Chin Crystal，丹尼尔·里伯斯金设计（下图）

设计简单明晰，重视特征化、典型化形象，重个体造型的提炼与艺术再现。而中国的艺术观念重物感，重视人的内心世界对外界事物的感受，重视由外界事物在内心引起的激情。因而重气势、重意境，不很在乎单座建筑在形体上的独特性，不着力于每座建筑的特征表现，而在意于建筑群体的空间艺术感染力的渲染。这些对于产品的设计处理同样具有启发意义。

符号的提取是将某一具体事物抽象化，针对的是"已经存在"，即"过去"，但人类的审美情趣不可能仅局限于"过去"，要谋求发展，就必须在"符号"的引用与设计的创造性之间寻求突破口。因此，"引用"并不意味着简单地照搬或挪用，它应该体现的是一种时代精神，应是设计师表达创造性的一种积极的手段，而不仅仅作为一项追求的目标[1]。例如香港的陶制收音机结合了电子产品带来了新的文化意象。

因此，应视具体情况，在引用历史、文化片断的基础上，加以变形、改变位置与材料或者概念的组合。这种手法使原来的传统语言和时间能再次复活，使新产品和历史物品（或其他有意义的产品）之间有一种关联性，就像文学上引用古典成语和典故一样。历史物品原有的实用功能有的已不重要（或已基本消失），但在新产品中重新引用这些过去的形式或结构片断，会让人意会到历史的延续性。总之，引用后的产品虽来源于过去，但又经过了新的处理，它们已经属于当代。

三、重构——变形和解构

符号的变形和解构是为了引人注意、进而引人深思，从而延长欣赏和

1 苏堤. 建筑表现中引用与创造的哲学思辩 [J]. 华中建筑，2008（06）.

接触的时间。经常接触的事物，人们总是容易忽略，一带而过，激发不起注意的兴趣。借助变形和解构的手法，破常示异，将为人所熟悉的设计符号变形，或打散破坏，重新组合成新的设计语言，既继承传统又有创新，是一种意象的再造。近现代建筑设计中，常运用变形与解构的方法，引人注意深思，例如文丘里把建筑上的线条、腰线安排在人们不习惯的部位，登琨艳将原本铺在水乡建筑屋顶的屋瓦砌到立面墙上，看起来犹如国画里的水波纹一样，重新赋予了它们新的生命。

Korpus system，Homebase，挑战传统书橱二维化、刻板的旧形象，倾斜、变形扭曲连接而成

　　重构一词源自于解构主义（德里达），即破坏（打散、分解）某一系统内原始形态之间（或原系统之间）的旧构成关系，根据新的时代精神和创作者的主观意念，在本系统内或系统间进行重新组合、或元素间关系的变形与移位，从而构成一种新的"完整"秩序。解构主义认为构件本身就是关键，有时基本部件本身就具有表现的特征，并不一定要求其完整性（完整性不在于建筑本身总体风格的统一），而在于部件个体的充分表达，这反而能形成新的形式感觉。因此，解构主义建筑是一个从 20 世纪 80 年代晚期开始的后现代建筑思潮，涌现出很多优秀建筑作品，例如盖里所设计的维特拉家具公司家具博物馆、蓝天公司设计的德累斯顿 UFA-Palast 等，无不具有更加丰富的形式感。

　　1. 易位重构——打散旧关系、重组新关系

　　打散旧关系、重组新关系是重构的最显著特征和功能。原有系统的部件经过打散，进行重组或与其他系统的部件进行组合，可改变原系统中各部件间的相互关系，移动或调度原有的位置，从而获得一种新关系和新秩序。组合关系的变异，比一个部件和原型的变异更为巧妙、多样化，因此组合关系的变异就是重构的根本原则。例如成都皇城老妈皇城店把成都、重庆等地老房子的屋顶做在墙面上。

椅子间的叠合重构

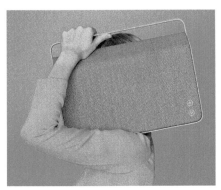

德国品牌 Vifa 的"哥本哈根（Copenhagen）"系列
无线音箱，布面材料的重构

Kartell 的 "The Light Air lamp" 灯，
Eugeni Quitllet 设计

Masters 椅，即叠合了 Eames、Saarineen 和
Jacobsen 分别设计的三张传奇椅子的轮廓

文丘里十分强调这种方法，称之为改变关联域（Context）。格式塔心理
学认为，整体中的某一部分的含义与其关联域有关，关联域的改变将导致含
义的改变。因此，文丘里认为"建筑师可以通过对各部件的组织，在一整体
中为这些部件创造富于意味的关联域；通过对传统部件以非传统方式组织，
他就可以在总体中创造新的含义。如果他以非传统方式组合传统部件，如果
他以不为人所熟悉的方式处理熟悉的事物，他就是在改变它们的关联域" [1]。
即熟悉的事物一旦被置于不为人熟悉的关联域中，就会给人既新又旧的感觉。

2. 尺度或比例重构

缩小或放大原有部件的尺度和比例，与特定的产品整体或使用环境构
成一种新的意境。

3. 材料重构

这是运用得最广泛而又简易的一种方法，往往具有事半功倍之效。例
如 Eugeni Quitllet 为 Kartell 设计的 "The Light Air lamp" 灯，长方形透明

1　李涛. 当前西方建筑创作中的非现代主义倾向 [A]. 顾孟潮等. 当代建筑文化与美学 [C]. 天津
　　科技出版社，1989.

有机玻璃框架与灯罩面料的扩散形成对比。

4. 裂变重构

把某一原型分裂、异化后，重新放到本系统内或外之间重组，打破习以为常、司空见惯的旧感受，凭借新信息的刺激强度给人以新意。

5. 叠合重构（或重组）

将原来各自独立的部件相互叠合所构成的新形态。例如由 Philippe Starck 与 Eugeni Quitllet 为 Kartell 设计的 Masters 椅，即叠合了 Eames、Saarineen 和 Jacobsen 分别设计的三张传奇椅子的轮廓。

Masters 椅，即叠合了 Eames、Saarineen 和 Jacobsen 分别设计的三张传奇椅子的轮廓

从美学上讲，人们面对审美对象，不仅求新，同时也寻旧。人类审美意识中"喜新寻旧"的心理特点是共时客观存在的。因此最容易引起人们审美兴趣的不是"全新"的，也不是"古董式"的，而是"亦新亦旧，亦似亦不似"[1]。从"接受美学"来看，这最能激发审美兴奋点。例如意大利 Kartell 的"书虫"书架没有固定造型，改变了消费大众原本赋予产品形式与意义的联系；Brionvega 的 TS525 收音机多功能播放器，沿袭 1964 年经典"方块" TS502 收音机，将高品质音箱与收音控制部分重组成便携式的创新组合。总之，变形与解构不仅使过去和现在有着某种约定的内在关系，并且又传递新信息，因而有助于在人们心中建构新的"符号信息系统"。

四、寓意——象征与隐喻

产品意义的手法与感受，是设计师和人们互动关系中的一种呼应。当

---

1 李敏泉. 重构——传统与时代共生的有效途径 [A]. 顾孟潮 等. 当代建筑文化与美学 [C]. 天津：天津科技出版社，1989.

象征，被苏珊·荣格视作思考的工具，他们代表着对象本身之事物或超越其上的事物。卡西尔认为，他们具有代表性的特征。

象征是直接呈现于感性观念的一种现成的外在事物，对这种外在事物并不直接就它本身来看，而是就它所暗示的一种较广泛较普遍的意义来看。

——黑格尔：《美学》第二卷，
朱光潜译，P10

阿莱西 Pito 壶，双鱼的隐喻，盖里设计

飞利浦概念设计作品，抽象的儿童或趣味的隐喻，Hot Badges（上图）和 In Car Navigation（下图）

Ka-cha 儿童相机，台湾实践大学黄于珊设计

设计师心中想要表达某种意义，而必须透过实际物体的象征时，直接模仿转化，则人们立即可知其意。中国传统建筑就有很多极好的例子，传统庭园中的建筑或装饰元素，经常运用直接的象征手法，来追求更丰富深入的意义。例如圆形的月洞门，它不仅是畅行无阻高低适中的（满足机能上的原则），也具备饱满和谐的造型，而且在中国匠师和人们的心中象征着无瑕的月亮。无疑，这种造型背后具有"圆月"含意的建筑元素，特别能引起中国人的认同。

象征是难以觉察的东西的代表，广泛存在于人文艺术和语言之中，还存在于日常生活之中（布尔德克）。象征概念包括体验、直觉、固有价值、文化标准等方面。象征的意义常常有联想的展开，并且不能明确定义。产品的象征意义只能从其所在的社会文化脉络或传统中被阐释出来。在建筑中这样的例子很多，例如哥特教堂平面采用十字架暗示基督耶稣受难。

对于文化性设计而言，象征性符号取代"形"的表现可以丰富建筑和产品的内容，最重要的是象征意义可以提供适合于与文化特色、地方特色有关联的多样化的产品词汇。这种设计词汇的使用，"适合于我们时代的大众文化和多元文化表现的需要"。

隐喻是一种形象取代另一种形象而实质意义并不改变的修辞手法，这种取代建立在两种形象相似性的基础上，被认为是最为普遍的一种修辞手法。隐喻旨在以一种更为明显、更为熟悉的观念符号来表达某种观念，是在形象化中从意义出发的比喻。此外，隐喻的意义传达还常用旧经验说明新经验，通常选择与本体具有相似性关联的参考事物来替代本体，以易喻难，以具体说明抽象。

隐喻的设计大致可以分为：具象隐喻、抽象隐喻和用装饰的隐喻。具象隐喻，即形喻，也就是通过整个产品的外观造型来隐喻。这类产品把造型放在十分重要的位置，技术往往为造型服务。例如堆摞起来如节节长高的竹子造型的竹

 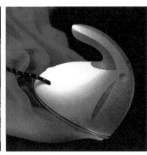  

各种抽象隐喻的设计。富士山啤酒杯，源于日本知名富士山的隐喻，铃木启太（Keita Suzuki）设计（左图）；电熨斗，白兔意象的抽象隐喻，圆润、干净与柔和，IDEO设计（中左图）；HUG Soft Bathtub浴缸，石头的隐喻（中右图）；意大利Moroso品牌的椅子，自然的隐喻，洛斯·拉古路夫设计（右图）

型玻璃杯、带有小手或狗骨头隐喻的飞利浦热徽章（Hot badges）和导航仪（In car navigation）。又如阿莱西的centrepiece（2013）直接引用场景原型，如同将一处峡谷河流缩小，自然的原味在不锈钢材质中扑面而来，还有阿莱西与张永和合作以荷叶为原型设计的托盘，这些都是具象隐喻的具体案例。

　　抽象的隐喻是指意义隐含在抽象造型之中，一般不易解读出。设计师常用抽象的隐喻手法来赋予产品背后的意义，体现产品及品牌的抽象特性。这种抽象的转化方式间接性地通过另外一些实际事物来帮助观者理解产品，并保持理解的兴趣，例如IDEO设计的白兔意象的电熨斗，隐喻圆润、干净与柔和。此外，抽象的隐喻还包括用抽象的操作、使用情境和隐喻意义，例如CRANKBROOK "电话簿" 电话机设计、MUJI的拉线开关的CD播放器等。而装饰的隐喻则在后面的装饰手法中具体探讨。

五、抽象——深奥与诠释

　　抽象，即提取被再现事物的最本质的特征，以较简单的形象将事物再现出来，使人对其有一个整体形象的把握。这种抽象的方法，意味着通过具象符号或自然符号的提炼与简化，使物形单纯，往往有更多的艺术感染力，

富兰克林纪念馆，文丘里用抽象微妙的手法传达其历史的含义。他将纪念馆所需的展示空间移到地下层，在地面上将那个地区 "一般" 样式的住宅在原地用框架框出来，并在适当的地面或其他物体上，刻上富兰克林自传中有关他自己家的文字描述，让参观的人们在较抽象的框架与较具体的文字间，自我想象富兰克林在那个地方成长的过程

汉斯·瓦格纳的"中国椅"

普拉达（Prada）东京旗舰店，开创了奢华品
牌与建筑设计相结合的新理念。幕墙由数以
百计的菱形玻璃组成，产生虚幻却透彻的特
别视觉效果，菱形的玻璃幕墙设计更融入整
座建筑物的设计之中

引发诠释与想象。也就是说，抽象化的结构所包含的信息量越少，审美主体解读出的结果越丰富多元。

从"接受美学"来看，最容易引起人们审美兴趣的既不是"很熟悉很具象"的，也不是"很陌生很抽象"的。许多艺术家和设计师都明白，要新奇，不易理解但又能被理解，要给观者的理解以挑战，激发其理解的强烈兴趣，从而产生层出不尽的意境，给人以艺术享受，这最能激发审美兴奋点。产品意义的表现手法因人而异，在很具体到很抽象之间，如何达到人们可感知的具体程度，同时又达成可启发无限想象的抽象程度，两者间的平衡点是设计师追求的目标。例如文丘里的富兰克林纪念馆、汉斯·瓦格纳的"中国椅"、苹果的 iPod、喜多俊之的"hana"西餐餐盘都是这样的优秀设计。

赫尔佐格和德梅隆事务所（Herzog de Meuron）设计的普拉达（Prada）东京旗舰店，以抽象的手法表达品牌的奢华，外形新颖别致，极为醒目而独特，犹如伫立着的一块巨大的水晶，幕墙由数以百计的菱形玻璃组成，产生虚幻却透彻的特别视觉效果，开创性地在建筑设计中演绎出了奢华品牌的时尚。福斯特设计的首都机场 T3 航站楼，它的美更多地在于龙的意象表达（而非具象实践），辅以中国传统色彩的渲染，具体包括"龙吐碧珠"（停车楼）、

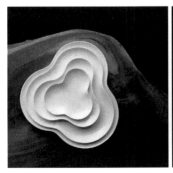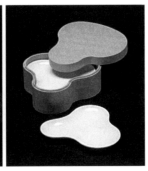

喜多俊之的"Hana"西餐餐盘，日本传统花形的抽象

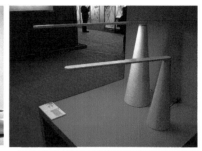

深泽直人为阿莱西设计的 CHA 抛光不锈钢茶壶（左图）；南正弘（Masahiro Minami）设计的 Yutanpo 暖壶（中图）；LED 台灯，抽象的几何原型

"龙身"（航站楼主体）、"龙脊"（主楼双曲穹拱形屋顶）、"龙鳞"（屋顶取光天窗）、"龙须"（四通八达的交通网）等让人身临其中，浮想联翩。苏州博物馆新馆屋顶部分的三角形，其单形的比例和多形的多样组合也是抽象自苏州历史建筑民居的屋顶变化。

这种抽象的手法将明式的"简朴"美学、东方禅意哲学（主要是日式）与西方极简主义风格紧密相连，在当代设计中形成新的独特美学。这类语意设计表达一般都是在做减法，简单洗练，达到极致的简约、精练的形式与优雅的格调。宗白华提到"静穆的观照和活跃的生命构成艺术的两元，也是构成'禅'的心灵状态"，赋予产品隐性的元素和意义内容需要尽可能的少而精炼，使产品具有沉淀的美感和状态。

明成化绕枝牡丹纹斗笠碗

除了一般的简化、精练外，设计师往往通过在设计原型基础上的抽象化来引发想象的空间和禅意的美学意境。具体包括：

1. 几何原型的运用。以几何形态为产品原型是较普遍的做法，几何原型具有极简主义的构成意义，与抽象风格的产品具有一定的衔接性，同时，几何形态在设计要素上弱化要素的影响，简单明快的造型直指人心[1]。例如南正弘（Masahiro Minami）设计的 Yutanpo 暖壶、深泽直人为阿莱西设计的

Rowanta 咖啡机，贾斯珀·莫里森设计。"唯物主义"设计，强调物品的价值是它的根本；设计应关注物件的原本，而非表面的吸引力

1　周申 . 产品设计中禅意风格的符号解析和设计应用 [D]. 无锡：江南大学，2014：82.

照明设计家村松さちえ（Sachie Muramatsu）设计以植物形态为元素的吊灯

"王莲"钟概念设计，文菁竹设计。以质朴的形态、素白的颜色展现时间的冥思

CHA 抛光不锈钢茶壶、吕永中设计几何造型的"徽州"博古架。

2.追溯经典的产品原型基础。普遍产品原型的基础来自于人类历史的洗练，经过反复淘洗后成为经典的原型，经典的原型基础往往获得强化表现[1]。Paul Graham 在《Taste For Makers》中提到：好的产品是永恒的。例如宋朝流行的斗笠碗上下距离短、碗沿向外延展的造型，紫砂壶的小巧造型。又如贾斯珀·莫里森 Rowanta 咖啡机和热水壶、深泽直人设计 ±0 水壶等。

3.自然原型的直接推送。为了最大可能的突出自然风物的特征，利用将原型形态直接生成产品形态[2]。产品所具有的全部形态意义均来自于自然形态，似乎已经感受不到设计的存在。例如"照明作家"Sachie Muramatsu 以植物形态为元素设计的吊灯。

例如"王莲"钟概念设计，以质朴的形态、素白的颜色展现时间的冥思，不仅是中国禅意美学的象征，更代表对于繁杂世界的超脱之美、静心之美；钟的表面蕴含了自然的痕迹，如同一个整体的石灰岩洞的形成是基于难以觉察的水滴下落的不断累积，象征时间是不断重复的瞬间；时间也是一种空的容器，其素莲凹形可以放许多东西，也可以留下许多空白，每个观者可以看到许多种面貌。整个设计试图表现一种"空山无人，水流花开"的意境。

无印良品 2014 年推出"亲近生活的厨房家电"系列，包括冰箱、微波炉、烤箱、烤面包机、电饭煲、榨汁机、电热水壶七款家电（由深泽直人监制），不论外观还是功能上都保持无印良品一贯的设计风格，简洁、柔和、注重细节。其抽象极简的意象不仅是日本"空"、"寂"禅意设计美学的象征，也引发了观者对于繁杂世界的超脱的冥思。

1　周申.产品设计中禅意风格的符号解析和设计应用[D].无锡：江南大学，2014：85.
2　周申.产品设计中禅意风格的符号解析和设计应用[D].无锡：江南大学，2014：86.

无印良品 2014 厨房家电系列 "亲近生活的厨房家电"，简洁、柔和、注重细节，具有禅意设计美学

因此，产品语言的表现要丰富多变且耐人寻味，应适度地把握个性特色在具体与抽象、有形与无形间的表现。在情感与文化产品的表达中，抽象的表现不应该限制人们非想到某种特定的事物不可，而是应留给观者自我发挥、诠释的余地，因而拓展了观者的想象空间：观者可借由抽象的象征，自行展开与诠释与它可能有关的意义，从而产生理解的乐趣。这时候人们不但参与了设计者的思考内容，也扮演着部分设计者的角色。但也应注意到，从大型建筑、中型产品到小型工艺品，从功能性设备工具到情感性产品，其各自的抽象程度和要求是不同的，不应一概而论。

六、装饰

　　装饰受到现代主义设计近四五十年的打压后，又再度活跃起来。在当代多元审美观下，这种装饰并非是为了装饰而装饰，而是通过图像性符号有意识的提炼、加工、变形或重新组合等，来实现对文化性、民族风格、传统工艺和时尚性的较好联想和再现。

　　例如赫尔佐格和德梅隆设计的德国埃伯斯沃德技工学院图书馆，挑选了德国艺术家托马斯·鲁夫（Thomas Ruff）收集的旧报纸上的历史照片作为题材，运用丝网印刷术连续地印制在建筑的外立面上。这时不同的材料（混凝土和玻璃）被印上相同的图案，不同的材料具有了统一性，同时也唤起人们对历史的回忆。又如 Marcel Wanders 设计的 Alessi 厨具系列"Dressed"，将装饰应用到锅具最不显眼的地方，有时甚至是最隐秘的地方，体现一种装饰的内敛，整个锅具显现出丰富和复杂的内涵，有点华丽，有点巴洛克式的，凸显优雅和轻盈。此外，斯沃琪手表设计也富于装饰，洁白的爱心、丁丁历险记的招牌式头像、007 电影的著名反角、玛特罗什卡俄罗斯套娃，以及北京奥运的东方元素"脸谱"、"青花瓷"、"龙"、"牡丹"、"鸟巢"等都成为其装饰的主题，别具时尚、艺术和纪念意义，成为一段历史的回忆、甚至一份情感的寄托。

在德国的埃伯斯沃德技工学院图书馆的设计中，赫尔佐格和德梅隆挑选了旧报纸上的历史照片作为题材

添加抽象图案的扶手椅，库卡波罗设计

各种符号的拼贴应用产生多元的意象。
YOnoBI 卵石香锅（Pebble），文田昭仁设计（右）

阿莱西厨具系列"Dressed"，Marcel Wanders 设计

雨伞与杯子，陈幼坚设计

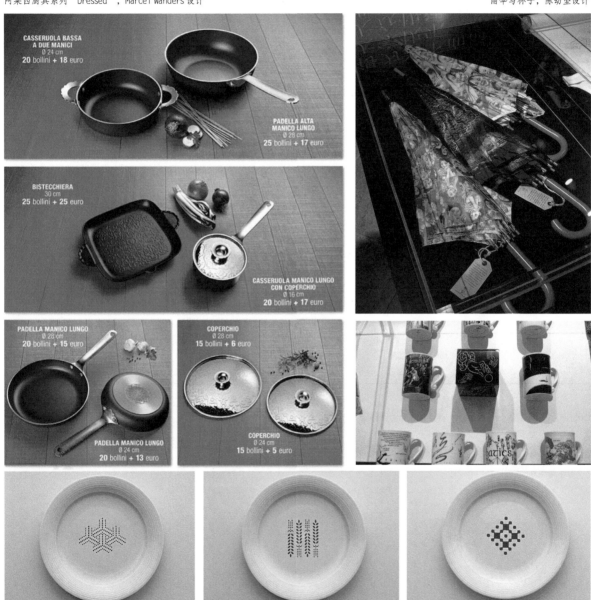

YOnoBI 白瓷圆盘餐具，绘有江户传统图案，长谷川武雄设计

装饰的来源较为广泛，大多来自于传统文化、历史典故、卡通或神话故事、社会时尚、汉字书法及绘画等，上海"月份牌"年画、香港老报纸、方言标记等本土文化符号近年来更成为关注的热点，被用来表达各种情感、历史、文化与社会的丰富意义。而且装饰的手法，并非只停留于表面的装饰，它往往可以通过装饰构件、装饰图案、雕刻、色彩等多种途径来实现来隐喻。可见，在"重视觉图像"和"重情感消费"的今天，简洁风格的消费电子产品设计应积极思考与装饰结合的可能性。

要素或属性的置换设计，达到产品意义的新的诠释

A4 空气清净机，以 A4 纸张为整体尺寸，台湾实践大学毕业设计，2010

七、拼接、置换——新奇与幽默

为了赋予某些日常生活中人们较为熟悉的物品以新的意义，往往会借助相对陌生的事物（相对设计物而言）来说明相对熟悉的事物，以激起新的理解兴趣，创造出既熟悉又陌生、新颖独特的效果。拼接与置换，即是把两个事物的各种属性，包括形态、使用、结构、动态使用情境等，进行组合或替换，如果能够建立起合理联系的基础，那么就成为一种新的意义表达方式。

通过拼接和置换形成的语意设计，有多种建立意义联系的方式：有的是意义共享的，例如 PHILIPS 的书式音箱，就是基于书和音乐都是人类进步和文明的阶梯、个体（音响单元）之间也都是要素的组合；有的是意义的借用，主要是操作层面的隐喻，也包括结构和质感上的隐喻，设计往往追求以感性直觉经验为基础，希望产生心理的连接效应，深泽直人设计的挂壁式 CD 播放器就是一个示范案例；有的是要素置换，对功能的结果（或对象）、使用者、使用环境、空间的邻近因素等进行替换处理，达到设计意义的新诠释，例如硬的支撑是否可以变成软的甚至是融化的、被点的香烟是否可以做成点

意义的拼接设计。将人们对已存在物体的记忆体验融入新的物体，构成有意义的设计

烟的打火机；还包括意义的拼接，类似蒙太奇式的片段组合，将似乎毫不相干的片段构成实际上意义有关联的统一体。

　　这是设计者在敏锐、深入地观察日常生活细节的基础之上的，多为情趣性设计，通过意义的新颖联结会创造出幽默和恍然大悟、意外惊喜的效果。这需要设计师有很好的联想和组合能力，以及设计的转换和控制能力。这种拼接和置换必须是建立在相关性和联系性的基础之上的，要求它在带来"陌生化"与"新奇感"的同时，并不破坏产品原有的本意，贴切、自然、生动是设计中的三个逐步递进的原则，即到位不越位。

　　当然，此类设计不能为了片面追求新奇的效果而盲目组合，造成理解上的混乱。要把握好借用的度，使有联系、有记忆的设计不致走向反面——成为产品的异化或流于形式的视觉效果卖弄，而达不到意义传达的应有效果。

八、想象——多价和多元

　　艺术应该是多价和多元的，在内涵意义层面上可以包容多种解释与不同理解；另一方面，在隐喻中意义和抽象的形象并不完全吻合，加之人的经验与文化背景的不同，也使得对于隐喻的理解趋于模糊和多价。产品和建筑

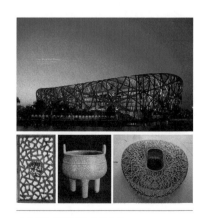

"鸟巢"体育馆的多种意象

云南大理白塔（上图）、上海金茂大厦与台北 101 大厦（中图）、吉隆坡双子塔（下图）

一样，在不同时代和不同背景下有着不同的意义和解释。多价和多元的设计，往往以其设计语言的创造性而吸引人，引人深思，产生层层新意，充满趣味。例如北京近郊的香山饭店，建筑师贝聿铭除运用中国庭园的布局以外，在墙面的设计上加入传统建筑的菱形窗型及来自西藏的宗教图样，都是希望能在这栋具有现代建筑空间的旅馆中，表达更丰富多元的中国意象所采取的手法。

同样，"鸟巢"体育馆也给不同的人带来不同的想象，有的认为其形态如同孕育生命的"巢"，像一个摇篮，寄托着人类对未来的希望，象征着飞翔的奥林匹克精神，栖身于都市的家园感；而有的则认为是中国传统文化中镂空的手法、陶瓷的纹路（或者冰花窗、冰裂纹等）与现代钢结构设计完美融合，是对中国的想象。又例如斯塔克的柠檬榨汁机也是一个有着外星人或蜘蛛等多种想象的经典产品。可见，单价和单义的作品与前面所提及的相比，则显得简单、枯燥与乏味。

因此，一个产品意义的表达，除了设计师的"突发奇想"以外，能够带动人们对产品的想象力也是设计成功的条件之一。而带动想象力的设计并非只是通过单一的形体符号，还必须通过包括触觉、听觉、嗅觉等在内的多种途径，借助色彩、结构、光影、细节及使用情境多种形式来加以创造。就朗香教堂而言，在柯布西耶（Le Corbusier）的设计中，抽象的形体、光线的运用和戏剧化的室内空间等综合效果，让修肯教授（Schocken）在英国建筑学院的讨论课中产生无数的遐想。另外，教堂主殿的彩色玻璃墙面，一方面唤起我们对中世纪哥特教堂彩色玻璃窗和厚墙开口形式的记忆；另一方面由外面散射进来的光线所产生的光眩效果，也唤起我们对爱琴海中希腊诸岛的记忆。而产品语意的想象力也是如此，其更注重在动态使用和体验过程中产生的多种情境想象。

总之，以上所谈语意符号设计创作的具体方法，并非只是孤立使用，在具体的创作中经常是多种原则综合使用，例如朗香教堂、鸟巢等设计即是引用、抽象和隐喻的结合。同时，我们也应注意到，设计的方法不应只是教条化的应用，而应针对具体背景或目标作有针对性的选择，应体现因人而异、因地而异、因时而异与因事而异。例如慕尼黑体育馆和北京"鸟巢"体育馆同样都由赫尔佐格和德梅隆设计，但因事、因地不同而风格各异；同样是运用东方"塔"的符号，上海金茂大厦、吉隆坡双子塔、台北 101 大厦也是因地、因人（设计师）而不同。

此外，还要注意设计中的"陌生化"和"熟悉化"。对于文化符号的设计应用，本土设计师由于对本土文化具有"熟悉化"的背景，因此要以"陌生化"的设计视角来摆脱媚俗，用现代的语言对已经习惯的传统文化作出全新的诠释——"创造性地损坏"习以为常的东西。陌生化是对约定俗成的突破或超越，但陌生化有一个程度适当的问题，百分之百的陌生化，全然摆脱人们熟知的形象，会使作品完全变成另外一种东西，也就达不到预期的效果。另一方面，对外来建筑师的创作而言，他们本身具备了"陌生化"的文化背景，所以关注的是对地方文化的"熟悉化"学习。

因此，建筑师崔恺认为，中国特色的建筑不应只是大屋顶、四合院等传统建筑语汇的简单借用，而应是站在更高的位置或是稍微拉开一些距离来看文化，用观念性的东西来表达文化思考，用现代的手法对传统的题材进行再创造。而在这一方面，反而没有国外设计师设计得轻松，像汉斯·瓦格纳的"中国椅"、库卡波罗（YrjoKukkapuro）的"东西方系列椅"、葛切奇（Konstantin Grcic）为台湾 yii 计划设计的 43 竹椅等设计就很好体现了现代感和地方性，创造出熟悉而陌生的感觉。

总之，与建筑类似，产品语意设计应在注重对以上这些方法的学习、体验和理解的基础上灵活应用，才能新水长流、才思不断，这也是许多当代设计师所一直追求的目标。

飞利浦空气净化器，指示灯形成夜间的人性化效果

意大利品牌 Artemide 的"In-ei"灯具，三宅一生（Isseymiyake）设计。用折纸的艺术诠释光与影的微妙变化（在日语中"in-ei"是"阴影"，"遮蔽"和"细微变化"的意思）

苏州博物馆的设计借助形态、色彩、结构、材料、光影、细节、使用情境等多种途径
创造出让人想象的中国文化意象

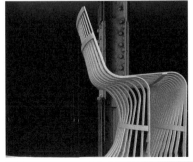
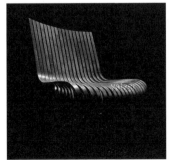

葛切奇（Konstantin Grcic）为台湾 yii 计划设计的 43 竹椅

案例研究 禅意风格的产品形态符号表现[1]

一、产品形态的自然化和有机化

1.曲率特征美感

禅意风格的产品形态多模拟自然特征，譬如柔美的线条、曲率特征和有机特征。自然化、有机化的形态不仅富于美感，在人的心理上容易与自然事物联系在一起，如流线型可以联想到漂浮的云和潺流的水，或是联想到某些局部特征，产生"回归"之感，使人安静地思考，达到内心的平静。曲率美感符合东方式的自然相生的审美观念，同时具有丰富的意象情境。例如日本品牌 Yonobi 结合传统工艺与曲率特征的产品。

日本品牌 Yonobi 结合传统工艺与曲率特征的产品

2.原型特征

利用原型单纯的语言去组织形式特征，能给人以纯净、原汁原味、简洁大方的感受。基本形态的组合、重构或结构，不仅使形式上的审美回归本质，更强化了禅的"意境"感。产品成为人与环境、社会的结合点，因此原型特征在产品中颇具意义。原研哉在《设计中的设计》谈到"形式是产生吸引力的根本"，原型形式的简约可以有效地突显产品的本质，使人在体验过程中内心平静，安静淡泊。例如原研哉设计的"白金"（Hakkin）清酒酒瓶和"原动力"（KENZO POWER）男香水瓶。

---

1 周申.产品设计中禅意风格的符号解析和设计应用[D].无锡：江南大学，2014：41-50.

原研哉设计的"原动力"（Kenzo power）男
香水包装与"白金"（Hakkin）清酒酒瓶

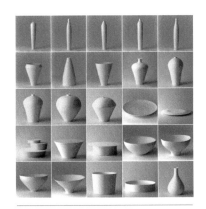

黑田泰藏（Taizo Kuroda）的陶艺设计

二、产品中的装饰要义

装饰可以分为"显性装饰"和"隐性装饰"。显性装饰指的是存在于表象中的、为"装饰"而装饰的部分，如花纹、图案等，是具有明显装饰意义的部分，其目的是为了追求单纯美感，属于附加装饰。而隐性装饰则是存在于本体之中，其目的是塑造美感氛围。禅意风格着重关注隐性装饰的意义，实为将显性装饰由素色本体（或原型）、结构或材质来承担。例如黑田泰藏（Taizo Kuroda）陶艺设计。

这种以"隐藏式"的"不显露"的方式来完成装饰的表现，达到一种静谧的装饰效果，以简约的、柔性的造型特征展现出来。

三、禅意风格中的元素运用

自然形态及其他元素是风格形成的基础，是禅意风格追求质朴、体现原汁原味素材的方法。产品中所运用的自然形态、仿生类设计都属于自然元素的使用范畴，一方面产品似乎以自然意象形态代替了过多设计成分，使产品体现出返璞归真的美感；另一方面，自然元素具有普遍接受性的美感，延展了产品的接纳度。

四、手工工艺特色

为了使产品具有一定的文化遗迹，除了文字、图案和语言，传统手工艺是最好的体现。手工艺制品经过长时间的沉淀和积累，加工工艺精良，用料讲究，手工艺制品拥有更好的质量，更具有禅意风格的"经久耐用"式的恒久意义与生活价值。如日本经典老字号 Kaikado 制作的茶叶罐，需要130道工序才能制作完成，足以体现产品的细腻与考究。

日本老字号 Kaikado 制作的茶叶罐

五、禅意风格中的尺度

1. 大小尺度

在日常产品设计中，产品的大小尺度是设计关键点，大小尺度合适使用的产品表现出更为人文的关怀。在禅意设计风格中，产品更趋于小巧、贴合的体征。小巧一方面是由于文化传承和积累，尤其在日本，产品具有小巧的外形而功能却强大；另一方面小巧的产品显得更精致，更具有禅意的味道，贴近内心。

2. 重量感受

轻重是手感体验的重要部分，在传统观念中重量也与财产观相关联，越沉重的东西越具有观念上的价值。譬如传统硬木家具一般都很重，即是代表了财产观。禅意风格的设计追求产品的视感、手感和质感的三位一体。在一些小产品的设计上，加强重量手感，寻求体验的微妙变化。

3. 节奏尺度

单一的节奏意味着简约而恒久，如基于大量基本性的构筑，尽可能控

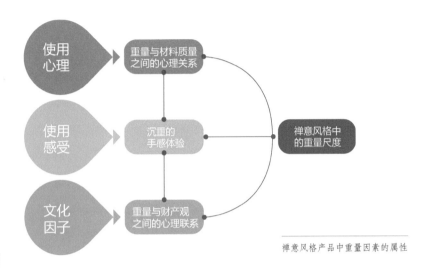

禅意风格产品中重量因素的属性

黑川雅之为洛可可（LKK）设计的"涅槃"
（Nirvana）茶具

制变化幅度；而反复变化的节奏感则会打破禅的"单一性"和宁静心理。如黑川雅之为 LKK 设计的"涅槃"（Nirvana）茶具，形体的节奏简单明朗，平和柔美，禅韵浓厚。可见，禅意风格的产品一般都是在做减法，尽可能的简单洗练，使其具有沉淀的美感和状态。

（周申，江南大学硕士学位论文《产品设计中禅意风格的符号解析和设计应用》节选，2014，张凌浩指导）

课题研究　寻找生活的记忆

　　生活世界中有很多有意义的产品，时间的流逝使其功能或使用的重要性或许对我们已经减弱，但其中所蕴含的生活的意义却使我们记忆犹新，或是一种感觉、或是一种记忆的片段、或是一种熟悉的使用习惯、或是一种久违的情境。总之，生活的意义在这些旧物品上有着历史的承载。

21 英寸电视，遥控器做得很像牙膏管的形状，竖立放置容易找到，深泽直人设计

　　现在，让我们重新审视它们，在这些旧式物品中寻找灵感，并运用于当前的设计。

　　它可能是一种形象识别、一种意义联想，也可能是一种记忆的联系。

　　而设计的结果应该是一种直觉的反应，一种直觉的设计——无需说明书或思考后就可以认识形象、认知操作的设计。亦是一种亦新亦旧的设计。

梅田医院的指示标识，创造柔化了的视觉空间，原田哉设计

　　要把握好借用的度，使有记忆的设计不致走向反面，成为异化或无意义的形式卖弄。

　　例如：

　　1. 书和音乐：都是人类进步和文明的阶梯，个体之间都是组合的。意义的共享——书式音响（静态的联系）；

　　2. 电话机和笔记本：多功能展现与笔记本翻页的结构相似。意义的借用——"电话簿"电话机；

　　3. CD 播放器和换气扇：CD 开关与拉线开关作用一样，CD 旋转与换气扇的转动一样，清风和音乐都有徐徐而来的感觉。形成挂壁式 CD 播放器；

　　4. 烤面包的热气的情境与烤面包机：使用时发生的情境与烤面包机相联系。形成新的烤面包机（动态的联系）；

Herman Miller 的树叶灯（Leaf light），Yves Behar 设计，树叶的纤细外形内涵创新科技（左图）；

无印良品的 CD 播放器，深泽直人设计，较好地体现生活记忆的联系（右图）

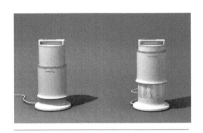

家用取暖器，概念来源于马灯、蜂窝煤等形象元素，张晴设计

5. 类似的，打印机是否不仅与打印的功能相联系，还与纸或其他也有意义联系。

作业：

1. 调研部分

对生活中物品进行重新审视，选择 5 个物品对其作设计分析，它让你想起什么：可能是具象的联系，也可以是已有的产品案例；也可能是抽象的联系，一种感觉，一种记忆或……要通过关键词和描述性的图片（或设计解析草图）加以说明。

具象与抽象的联系都要有。

2. 设计部分

你要做什么产品？要做的这个设计目标会让你联想起什么生活中的旧式物品？两者之间有什么联系？或功能的联系，或使用习惯的联系，或结构的联系，或动或静，或直接联系或间接联系，或前后过程联系，或有因果联系。

在此基础上进行发想和设计。

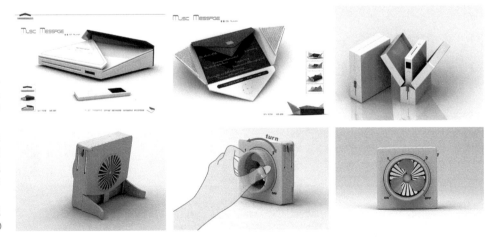

"音·信" CD 播放器设计，打开"信封"，聆听旋律的美妙，解读音乐的感情，华苏婧设计（上左图、上中图）；"乐然纸上"便携音响，灵感来源普通纸盒子的打开方式，王霄源设计（上右图）；风扇，取吊扇开关的视觉元素赋予小风扇，王昊设计（下图）

课题研究 数字产品设计中的符号学互动分析

小组成员：王娱、秦翔、秦银、石磊

指导：张凌浩

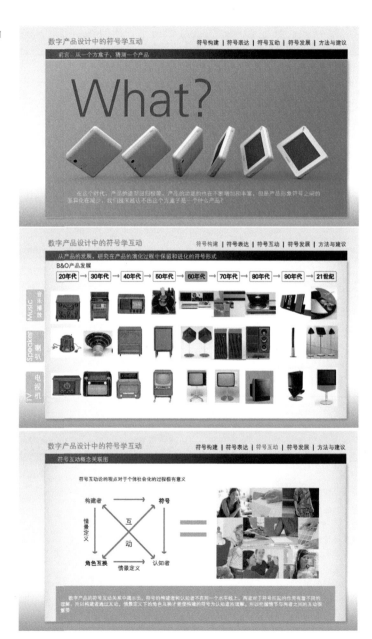

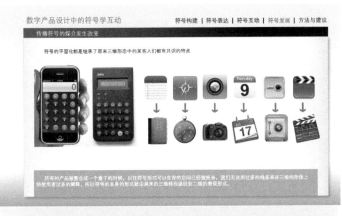

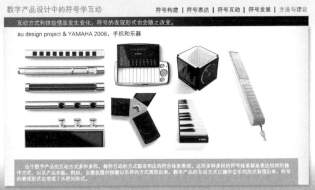

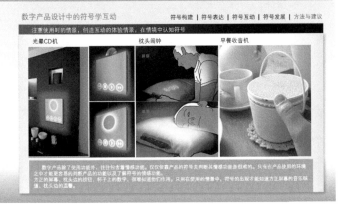

第七讲　延续与更新

地域文化背景下的产品语意研究

一、创造"新风格"

20 世纪 90 年代以来，随着社会、经济、科技的发展，全球各国逐渐从工业时代进入后工业时代——以计算机、网络为特征的信息社会。数字化技术、互联网观念使产品的更新换代加速的同时，设计与消费真正转向至以用户为中心的导向，希望更加凸显消费者的精神需求，即设计符号中所包含的社会和文化价值功能。这些变化广泛地渗透和影响了产品设计的形式和内涵的各个层面：从有形的设计向无形的设计转变；从物的设计向非物的设计转变，"从一个讲究良好的形式和功能的文化转向一个非物质的和多元再现的文化"（马克·第亚尼）。在这些从物质设计到非物质设计所反映出的设计价值变迁中，对于人文文化的需求与思考无疑成为其中最重要的部分。

MP3 播放器，韩国 MOTO 设计

另一方面，设计、生产和销售的范围也在发生极大的变化，全球化竞争与发展已成为一种普遍的趋势和特征，特别对于信息技术产品更是这样。设计作为经济的产物和工具，必然性地参与到全球化的进程之中，亦会作为一种文化的、艺术的乃至生活方式层面的工具，在全球化的历史进程中发挥作用和接受考验[1]。不可忽视的是，由于以科技为中心的现代设计是在人类共性（需求与愿望）的基础之上开发相关的产品和服务，加上设计组织和活动的全球化、产品部件的通用化与全球流动，文化的特征和地域的特色正在"世界性"的产品上日渐消失。对此，包括韩国三星、LG，荷兰飞利浦等很多消费电子企业及设计师，都在思考这个文化特色或风格的问题。

Mret 净水器，韩国 MOTO 设计

睡眠日志，余清波设计

这并非要反对全球化的未来，而是不希望在全球化的市场与技术制造中迷失自己固有的地域文化特色，而再次陷入另一种形式的"国际风格"（即技术的组合）。从更大层面看，这也反映出自我文化生命力弱化以及缺少文化自信、外来文化强势扩张的危机。和技术相比，文化的延续才是人类社会最有价值的东西，而且文化的力量往往比经济的力量更为强大。今天的世界似乎忽然间变得更小、更加多样、更加相互依赖，也更加强调慎重地保持某种地域种族的特色，甚至一个小小的地区都应注意仔细记录历史。因此，当代设计需要积极关注本土文化、民族精神的继承、发扬、运用和创新问题，要求本土的设计师立足于本土文化在国际设计的比照下，创造出具有民族个性和文化象征的设计[2]。

在这种背景下，我们要重新审视设计的发展，使设计成为人与技术的真正桥梁，在（数字）电子技术的"文化同化"中发挥有效的作用。这是一种

---

1 李砚祖. 设计之维 [M]. 重庆大学出版社，2007：85-88.

2 李砚祖. 设计之维 [M]. 重庆大学出版社，2007：85-88.

"文化的解决"或"诗意情感的表达"，即重新在各文化中寻找新的设计素材，来反映各地域的设计风格特征；通过造型中的文化性语意，以隐喻、寓言等手段来满足消费者日益重要的感情需要；通过探究（数字）电子技术与人文价值的互动来再次创造新的特色产品，以体现一个地域、国家、民族与另一地域、国家、民族的区别。

这无疑又是一次新的设计"文艺复兴"，这其中，地域文化的因素扮演了重要的角色，涉及产品文化系统内民族性、地方性与时代性的"共生"。

二、产品与文化

在人类的发展历史中，所有为生存而进行的活动，都可以称为文化。文化是后天的历史所形成的，是生活中外显和内隐的生活样式的设计。所谓外显是指一种人造物品、行为或动作，而内隐是指行为规范、价值观、思想、观念、超自然观等[1]。广义的文化包括三个层次的内容：一是物质文化，如建筑物、服饰、食品、工具、器具等；二是制度习俗文化，包括制度、法规，以及相应的设施和风俗习惯等；三是精神文化，包括价值观念、思维方式、宗教信仰等，也包括哲学、科学、文学艺术方面的成就与产品。其中物品及其反映出的价值观念、思维方式等是设计文化研究的重点。

人们为了生存，设计和制造了各种物品和产品，无疑，这些物品的设计与制作，作为对人类生存意义的物化诠释，它们受到人类文化的支配和影响。这些物品承袭了文化内在和外在的相关意义，并反映了当时人们生活的要求、某种理想愿望、技术和文化的互动水平、生活的观念等，因此

三星堆古遗址文物

中国传统茶具中的设计美学与文化

1　何明泉，蔡子玮 . 设计之文化意义初探 [J]. 工业设计，1994，23（1）:32-37.

传统喜庆节日象征的灯笼

阿莱西厨具系列"Dressed"，
Marcel Wanders 设计

体现了人们对物质和精神的双重要求。所以 George Neison 曾经说"器物是文化遗留在它专属时空中的痕迹"，例如传统的家具、图案、剪纸等都是这样的例子。

可见，传统器物的产生、发展和演化，乃至转换成现代的"产品"，都与文化、观念相互依存，储存了人类以往的知识、经验、理想和价值。这种关联在各个地域人类的发展历史中都极其紧密。因此，人们的文化背景自然影响着设计的行为和设计的结果。

不过，在现代主义的设计浪潮中，为提高科技的沟通效率、打破各地民族文化之间的阻隔，理性简单的产品外观成为国际化的风格，试图让全世界的用户都能接受。不过，后来其发展成为过分追求简约主义，减少设计的变化性，注重意义的单一功能，忽视了人类文化的构成差异，以至于处在"国际风格"包围中的人们开始面对内心深处的对文化的渴望，重新思考设计应有的文化价值。

因此，后来出现了后现代主义、设计符号学、设计文化学等设计潮流和风格，重新探求产品的发展与人类使用产品的历史，建立产品与文化的关联，赋予产品功能性以外的人文价值。产品与其被使用的最重要的文化背景、特定的次文化背景如何联系，又如何在设计上表达出来，一直是产品语意学要研究的重点之一。

三、产品文化的设计表现

文化的本质是多样的，但文化特点的表现上包括物质文化和非物质文化两种。产品是抽象文化的物化，非物质的抽象文化总是随着具体的事物通过视觉（还包括触觉等其他五感）表现出来。一方面，产品整体、某个具体的方面或者形制秩序上，都积淀了特定的文化特质，例如古代很多器物都是礼制的重要物化体现。这是设计师所重视的，也是该地域消费者所熟悉的，设计中要善加利用。另一方面，由于各地文化背景的不同，所以物化的行为和结果（即产品）也不同，所以即使同一功能，不同国家或地域的设计表现也是不同的。

所谓设计，其实就是一种将抽象的理念转换成具体产品实体的过程，并对产品的形态、色彩、结构、材料和使用状态等的认识，赋予包括美学、文化在内的各种意义价值。设计作为连接技术和人文文化的桥梁，是文化和产品之间的沟通者，这种互动沟通是否成功，要看产品能否对使用者发生意义，即产品是否让使用者产生认知操作或心理上的认同，进而是否唤起使用者对其文化与自然环境的记忆。设计师为了在技术操作的认同基础上达到文化的认同，往往会在本身的传统、地域文化、集体记忆（影像、形态乃至思维习惯的总和）等资料中寻找"熟悉"的文化灵感，为设计寻找更大的表现空间。

对于这种文化符号的设计与转换，设计师往往从历史或地方中汲取一部分的文化特质，可能从形态、色彩、工艺材料等具体的方面，也可能从社会意识、传统观念、审美意识等抽象方面提取。特别是要关注传统器物的日用之道，它们虽不同于形而上的官式制品，但却是富有经历感、时间痕迹和生活味道的器物或古迹建筑，因为人、时间和时间所赋予的意义，其历史的记忆片段一旦在设计中被重构结合，将会构建出感动人的生活美感。从表现形式看，这种文化符号式的灵感，有的是具体的，反映在产品的特征性形态上或局部细节；而有的则是抽象的，整体表现为一种特定的比例秩序、美学意识与风格。

研山系列紫砂壶，陈原川设计

　　总之，一个好的设计如果能够把传统的文化、情感、记忆与现代技术作适度的连接，应用暗喻、明喻、类比、寓意、引用等转化来建立科技产品与文化特质之间的视觉关联，赋予造型的意义，即能唤起观赏者自身的文化共识。同时，对中国地域传统文化具有特殊的意义，这种文化的设计表现，是对中国传统美学和生活方式的一种继承和发扬，即以东方哲学思想的精髓，以优雅纯粹的东方式感性，模糊设计的技术性界限，从而在当代设计中将文化的某些层面自然地延续下去。

案例分析 [1]

Pojaki，一种传统的多功能性、多目的性的布，是韩国设计精神在日常物品中的极好体现

CD Pouch（CD 盒），INNO 设计。从韩国的文化传统而来，以 Pojak 的情感性逻辑为设计基础

　　韩国的文化受儒教和佛教的影响和滋养，形成了特定的文化背景，即崇尚自然和人性。这种文化传承潜在地影响和帮助他们今天能够设计出高品质的产品——东方美学意识与高技术功能整合的设计。

　　韩国的设计精神在传统日常物品中有极好的体现，例如韩国的 Pojaki，一种体现多功能性、多目的性的传统织布。Pojaki 是一种很轻的织布，呈正方形或长方形。这种 Pojak 方布过去一般被用来包裹、覆盖、运输日常物品，例如运输书或盒装午餐、储存衣物、保护性地覆盖食物、携带钱或药之类的小东西等。不使用时，Pojak 布能被折叠贮藏在口袋或钱袋之中。这种小巧、收纳性好且多功能性的观念形成了韩国独特的产品设计观（日本传统上也有类似多功能性的方布"风吕敷"（Furishiki），亦形成类似的设计观）。

　　此外，这种 Pojak 布还体现了以下特点：易于制作、易于使用、易于储存、与环境相融。即使是一小块被废弃的布，也被再次利用制成 Pojaki 布。

1　Eun Sook Kwon. design in Korea[J]. Innovation Fall, 1998.

Pojak 布的创新还来自它的制作过程，设计 Pojak 布没有固定的法则，每块 Pojak 的设计都从已有的布料特点出发，自然而独特。

　　这些优秀的传统设计观念极大地影响了韩国现代的设计。例如韩国 LG 电子的 Ahha Free 卡带式耳机立体声系统，就是典型的韩国风格设计，它把耳机立体声和电池充电器结合起来，扩展了使用者的需要，可以在室内外随意使用，体现了小且多功能性及以用户为中心的文化特点。此外，三星的 Sen 吸尘器、现代的 ATOZ 的多功能小车等都是示范性的设计案例。

Sen 吸尘器，韩国三星电子，在活力中结合了韩国静的美学（左图）；ATOZ，韩国现代，反映了 Pojak 的多功能性（右图）

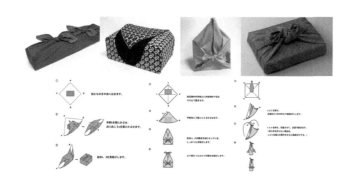

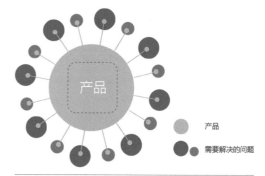

产品

产品

需要解决的问题

日本风吕敷（Furishiki）以及收纳不同物体的包扎方法（左图）以风吕敷为例，产品与不同问题的多对应点图（右图）

文化符号的再审视

　　文化是一个国家还活着的传统，是生活方式和思维方式中相对稳定的部分。因此，依据设计文化的研究分析方法，我们大致可以从以下四个方面来具体连接传统的文化情感和现代设计，进行传统、地域文化的研究和再创造：即传统哲学意识、形态、色彩、材料等。

一、中国哲学意识符号的使用

中国传统对于设计的哲学意识与今天我们常谈的现代西方设计概念有所不同，更多的是位于更高层次的宇宙、自然、社会与人生的意念。这种意念较深地影响着中国古代人的生活方式、审美意识及设计创作表现，使之与西方文化形成鲜明的对照。

1. 和谐

无论是家具的安排，还是其与空间的关系，都反映出传统的和谐观念

中国文化最根本、影响最广、最牢固的东西。古代认为，建筑与器物创作中的尺度、对称、韵律、均衡等造型原则，只是表面层次的东西，设计的着眼点应在于更深一层次的内容，即建筑整体上与宇宙、自然的和谐，与人类的和谐；在于体现出宇宙的秩序感和和谐感。和谐的观念尽管有不同的表现，但其核心是一致的，即"有无相生"，具体来说，就是两个对立力量调和后构成和谐而动态的整体，它们相互依存、相互作用、相互促进与相互转化。阴阳、动静、虚实、大小、左右、色空、刚柔都是对立和转化的力量，最终成为阴阳平衡或者中庸的状态。宗白华认为中国美学是建立在矛盾结构上的，但强调对立面间的渗透与协调，不是排斥和冲突[1]。刘长林曾提出中华民族的艺术之美在于"和"。而"和"的主要内容之一就是强调"美属于事物的结构整体"[2]。

苏州园林，以石、水、植物、建筑等相对的平衡创造和谐

这些"有无"哲学充分影响了中国传统的造物、绘画和诗词艺术，展现了古人善于通过形神、象意、虚实、有无、动静的相依相生来表达和创造种种可意会而不可言达的感情、情趣、韵味与意境。中国传统艺术思想重视对"和"、"宜"之理想境界的追求，强调外观的物质形态与内涵的精神意

圆桌，在家庭进餐时使用，反映出传统的家庭观念：团圆，聚合

---

1 宗白华. 美从何处寻 [M]. 南京：江苏教育出版社，2005：35-48.

2 刘长林. 中国系统思维 [M]. 北京：社会科学文献出版社，2008：298-304.

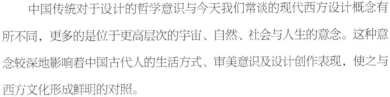

蕴和谐统一，实用性与审美性的和谐统一，感性的关系与理性的规范的和谐统一，材质工技与意匠营构的和谐统一。特别是从唐宋以来的家具和建筑中，就可以看到在家具材料的选择和采用合适的装配方法中的和谐观念。在古代的建筑、花园中也是如此，通过石、水、植物、建筑等的配合使用体现道家的核心思想，以相对的平衡创造和谐。

家具设计中，由木材的特点和类型决定它的设计

2. 简朴

中国自古就是个农业国家，这决定了人们尊崇自然，朴素生活。庄子有"朴素而天下莫能与之争美"一说，《易经》的"贲，无色也"也指出华丽归于平淡时，物质本身的特性才得以发挥，才能表现出极致的美。此外，"返璞归真"、"平淡之美"等都是"简朴"思想的表达，对美学上"简朴"的追求在宋明时期被提升到了"某种透彻了悟的哲理高度"。这种简朴的思想影响到诗词、文章，都是用尽可能少的言辞来反映尽可能多的意义，例如"大漠孤烟直"这样的佳句。在此影响下，古代工匠也逐渐学会充分利用已经存在的材料，例如制作椅子时，看材料的特性和木头的类型决定它的设计和用途，也会考虑怎样利用弯曲的树干设计出独特的东西，而不是砍平它。"简朴"特别体现在明代"文人"家具上，形而下的设计、技术与形而上的理学思辨、美学上"简朴"意味的结合，使宋明家具成为东方简朴形式的代表。这种明式美学在今天仍然发挥着积极的作用。

可见，这与现代主义的"少即是多"有某种契合，这种简朴不是一种简单化，而是一种精致的、高雅的朴素，在传统设计的形态、色彩、材料和比例上呈现出极致的专注——设计外表简单的事物实际是一个复杂的过程[1]。

3. 虚实

中国画的"留白"、中国书法的"布白"、传统家具中的虚实，都是

有扶手梳背椅，明式家具，体现虚实关系，明轩藏

---

1 ［法］罗伯特·克雷. 设计之美 [M]. 济南：山东画报出版社，2010：25.

这种思想意识的反映，"虚实相生"、"虚实互用"（董其昌）的关系问题一直是中国美学思想的重要内容。受此影响的器物、家具、雕刻、空间、园林等均从此角度演绎出东方的美学，创造出更多"境生象外"（刘禹锡）的艺术意境，即"无画处皆成妙境"（笪重光）。建筑（实）与空间（虚）的关系常用"阴阳"来诠释。阴与阳分别代表消极和积极的力量，阴阳的概念暗示着独立和变化，它们的结合象征着自然和生活的无穷变化、所有指向平衡的观念。平衡不是一种停滞，而是一种可控的变化。无论是屋子的形状和坐落，还是家具的安排，都与平衡的观念有关。

　　古代器物与家具的"虚"，一是来自部件之间产生的"虚"体，例如由扶手梳背椅中梳背、扶手及数根笔梗围合成的空间等；二是来自于器物、家具部件内部产生的"虚"体，例如镂空透雕所形成的空间，这些与部件"实"体形成秀雅空灵的美感与意境。例如苏式家具通过形体、部件的点线面的交错组织，产生类似于水墨画中的留白，使诗、画的情意融入进来，营造"空、静、素"的意境与超然象外的哲理情感。

　　4. 自然

　　自古以来建筑就是自然的延伸，木头、石头等材料从自然中采集而来，在以建筑或寺庙的形式再生之后，又重新成为自然的一部分。所有的建筑都被当作环境的有机组成部分。这其中也反映了"天人合一"的思想，即强调人尊重自然，顺应自然，与自然协调发展。中国传统器物、家具、建筑、园林等设计历来崇尚自然、简单，充分利用已有的自然材料，显露木材或石材自然的色彩和肌理。

　　5. 含蓄（间接）

　　中国传统认为自然已经创造出了足够的东西，人们无须再创造自然已

研山系列紫砂壶中自然的延伸，陈原川设计

有的或利用自然的方法可以得到的东西 [1]。例如中国古代花园的墙，多用白色或红色等简单的颜色，树和植物栽种在旁边，其阴影创造出独特的环境图形；在走廊里的特殊开窗，帮助经过的人们欣赏到"加框的"真实自然画面。

刘勰在《文心雕龙》中提出通过"隐秀"塑造传统美学的"含蓄"特点。李泽厚的《虚显隐之间——艺术形象的直接性与间接性》认为成功的艺术形象总是直接性与间接性矛盾双方的。隐与秀是相互依存、有机统一的，而根本还是在"隐"。作品有隐，才能有言外之意、韵外之致 [2]，形成艺术内容、意境扩展延伸的丰富性。重含蓄美学的特点，在宋代表现得尤为突出。

含蓄美学力求在有限中尽力表现或包含无穷的意蕴，影响中国文化至深。从表现上看，含蓄、间接具有曲折性，以表现手法的变化，形成欣赏心理的变化，从而不使人产生单调的腻烦情绪；含蓄体现了一种陌生化给人的欣赏距离，一种"隔"给人的诱惑，让观者发挥想像力参与再创作，细致地体味作品，把握其内在意蕴 [3]；含蓄还在于凝练，用最少的言辞、最简洁的画面来表现最丰富的内容。含蓄是一种高品质的美，虽潜蕴而不炫耀，体现文人所推崇的高风亮节。苏式家具的含蓄之美主要表现在家具构架的辅件和线形构架留下的空白部位，还反映在其接近封闭而成的"空"或"内敛"式的图形中。

中国文化的力量，经历了如此长的时间仍能够持续发挥影响，甚至有时比以前更加强烈。虽然我们不能真正全部认识和理解中国传统文化，例如

苏州西园寺宣传品设计，给予观者质朴、含蓄的视觉美感，赵宛青设计，王俊指导

在剥离了元素与符号以及造型风格之后的传统，已无法让我们再依赖它的外部表象了，但剥离后显露了我们更深一层次利用的精髓，这就是我们常说的观念和精神，也许利用它表现你的设计时，会丝毫没有传统的影子，但细细品味之后，一股股由内而外的渲染力会让你变得激动不已

——刘潇（刘潇. 产品设计，2005（1））

---

1 Memphis Yin, Zhihong. Industrial Design In China[J]. Innovation Fall, 1998.

2 曾婷婷. 从《文心雕龙·隐秀》篇看中国古典美学的含蓄特点 [J]. 中山大学研究生学刊（社会科学版），2005（01）.

3 微艺术. 中华艺术含蓄的美学价值 [EB/OL]. 中国艺术书画研究院. http://mp.weixin.qq.com/s?__biz=MzA3ODQwODkwOA==&mid=202773762&idx=3&sn=7fe36f4761484eab7c519b2ea2e1464c&3rd=MzA3MDU4NTYzMw==&scene=6#rd

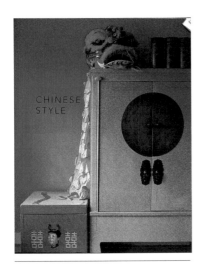

中国传统上在器物、建筑、环境中经常使用"天圆地方"的表现

苏州博物馆茶壶展品，体现"适形"之美

四出头官帽椅，灵岩山房藏（左图）、榉木直棂透格柜（右图）

阴阳的含义、风水的复杂，但我们可以感受和理解其中所反映出的特有的观念和意识的力量。

二、形态与线条符号的使用

形态代表当代、当地人们的审美意识，造型中有机化或几何化的形态处理、线条的比例，都被加上特定的含义，象征特定的地域文化特点。例如德国产品直线多于曲线，色彩沉着、稳重，偏爱产品的细部处理，产品整体体现出理性主义特征。而日本产品大多造型简单、小巧，细部精致。在历史上，唐代瓷器造型圆润饱满，宋代瓷器则趋向清瘦修长、质朴含蓄，显示出寂静、安宁的空灵韵味与文人气息。

中国传统上注重"适形"，适者，大小之适、高低之适、尺度之适，即要求建筑及物品尺度适宜，阴阳和谐。适形，是以有"度"为概念基础的，即建筑和造物的尺度、造型、体量、线条细节乃至施工材料工艺过程中的重要参数。因此，不同的物品有不同的"度"，注重秩序感与和谐感，讲究体量不宜过于高大；情理有度，包括形态在内的设计艺术要与功能相统一；对类似方与圆的特定形态或简单适度的线条有特殊的偏爱。就苏式家具而言，其造型特点体现了文人造物精到周详的美学尺度，明人文震亨在《长物志·几榻书桌》中说："书桌中心取阔大，四周镶边，阔仅半寸许，足稍矮而细，则其制自古。"可见，这种美感是建立在文人工匠不断钻研推究形成的、严格的比例尺度关系中的。在细节上讲究规矩方圆的处理，体现文人造物含蓄、规矩的美感，圆与方相互调和，以达到一种浑然天成的感觉。例如四出头的官帽椅子中，椅子背部搭脑的处理方式，整体偏造型较为方正，有干净利落之感，而部件的断面处则运用了圆的形状，将柔美之感含蓄地表达出来。

　　另一方面，造型也注重"便生"的思想，即设计为现世的人服务，应当方便人的生活。无论是造型原则还是大小尺度、形体体量、整体与局部的穿插组合上，都以创造宜人的生活为目标。此外，对去刻意雕琢之迹的浑然天成之工巧性和尽情微穷奇绝之雕镂画缋的工巧性应同样注重，有意识地在两种不同的指向上追求审美理想的境界。

　　线条是中国传统艺术的重要特征，线条也最能表现动、静之美，例如书法中线条的纵横曲直、笔断意连，中国绘画中线的运用与形成的动静之感（吴镇的《风中的竹子》）。这些美学思想的理解经由文人的参与，融入传统的家具与器物设计的线形中。线是明式家具造型中的精髓所在，通过线的粗细、转折的改变营造飘逸空灵的效果，使人产生丰富的联想。例如明式靠背椅、清曲线大柜、带柜架格等，常常给予观者沉静而不呆板、舒展而不张扬的视觉感受。

　　因此，我们如果希望语意设计可以唤起地域文化的记忆，那么我们要注重某些特征性形态、线条或比例的使用，通过特定的文化历史符号片段或有特色的器物符号，与现代设计观念的适度融合来延续发展传统的文化记忆。同时，随着技术、结构和材料的更新发展，传统的构件或形态符号在提炼和简化中得到发展，并发挥积极的作用。

三、色彩符号的使用

　　色彩在不同地域文化中有着不同的象征意义。色彩的象征在中国是重要的，在早期的历史中，就有五种原色代表北、南、东、西、中五方向。

明式桌子的形状和样式经常决定它们的功能。方桌常被设计来玩游戏例如打牌，侧面放高背椅。无扶手的"正式的椅子"之所以正式，是因为高的靠背类似官服中的帽子形状

中国传统的色彩象征：
黑——阴、女性、月亮、水、冬天、恢复活力、北方
红——阳、男性、太阳、火、活动、夏天、南方
黄——中央、地球、大地、君王
绿——东方、植物、希望、春天
白——兽神、虎、代表西方、不吉利的色彩、死亡，也代表纯洁、不朽

漆器器物上红色的浓重而端庄（上图）、墨漆化器 Mochi，徐健哲等设计（下图）

茶杯外面丰富的颜色

长久以来，在中国历史上，颜色特别是亮色，不是室内的一个重要元素。虽然白墙、灰瓦与自然天成的取向（《园冶》，明末计成著）在明代得到肯定，但并不是完全缺乏色彩。在清朝的满族统治下，中国逐渐发展了更复杂的色彩、更多的装饰与更丰富的主题。

中国传统建筑上的色彩注重华丽、浓重而端庄、大度，包括金黄色的屋瓦和深红色的墙、柱等形象经常可以看到，这是古代"大壮"思想、儒家的礼制和秩序思想的体现。对于色彩的使用，中国传统也同样遵循"适形"的思想，即追求适度、宜人的氛围和含蓄细腻的美的表达。所以传统上色彩的象征性强调了物用的感官愉快与审美的情感满足的联系，而且同时要求这种联系符合伦理道德规范。

除传统建筑外，在很多传统器物、服饰等设计发展中也形成许多较具特色的色彩风格，例如汉代漆器的红、黑两色相间，或用朱、青，或用朱、金彩绘；汉代服饰暖色为主，色彩强烈大方。唐朝服饰的多彩交融，唐三彩瓷器中的黄、白、绿釉。宋代北方窑系的瓷胎以灰或浅灰色为主，南方窑系的胎质则以白或浅灰白居多，宋锦用色调和，较多采用茶褐、灰绿等色调，宋代的丝绸纹样则轻淡、自然。苏式家具所采用的木材似红非红、似紫非紫、似黄非黄的色调，显现出一种深沉、稳重协调的美感和吴地生活态度。此外，清代瓷器用色丰富，除五彩外有浓淡相间的粉彩。这些都成为较具历史象征特性的色彩符号。

四、材料符号的使用

不同文化背景、不同地域所生产的材料不同，由材料我们可了解产品的特殊意义。传统上我们从自然和谐的观念出发，重视材料的自然品质和特

色；主张"天趣性"、"理材"、"因材施艺"，充分利用或显露材料的天生丽质，追求自然天真、恬淡优雅的趣味和情致；也主张"就地取材"，即注重当地材料的运用。

"椅君子"竹椅，椅座部分由竹条圈成的方圆框并列，石大宇设计（左图）
"空竹"（Empty bamboo）办公用具，武藏野美术大学余剑设计（中左图、中图）
宣纸材料（中右图）、青泥紫砂花瓶的表面波浪纹（右图），刘云龙、辛瑶遥设计

木头、竹子等自然材料，由于其自身的特点，在中国传统中被人们长期设计使用在各种器物、家具与建筑中。例如竹子弹性好，强度高，适合多种用途，因此在中国、日本等很多东方国家被制成各种产品。其制成的产品，有着手工与材料造型上所展现的特殊美感，具有格外的感性品质，传递特定的自然关联和文化情趣，潜藏着中国文人的正直清高、清秀俊逸的人格追求。这无形中自然形成了特定的符号意识，很容易让人想起自然的本色和地域的元素，因而成为地方历史资源与文化符码的自然联系，为后现代主义的地域性设计所注重。

中国传统家具或器物常采用不同的材料，在同一种设计类型中创造出丰富的形式。正如宗白华所言，形式美没有固定的形式，同一题材可以产生多种形式的结果。而不同的形式又能够赋予题材多样的意义[1]。

因此，在现代产品设计中使用带有特定文化色彩的材料符号，或者以现代工艺再现自然材料的质感，都会引起人们对特定文化的记忆。

人们常用的竹子设计做的生活用品

---

1 宗白华. 艺境 [M]. 北京：北京大学出版社，1987:276.

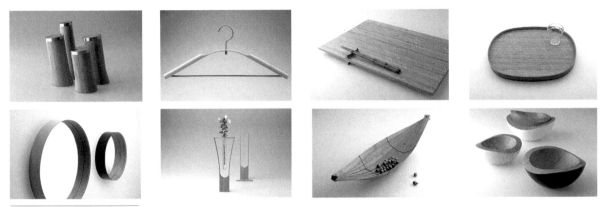

日本 Teori 竹器设计

V-Kids MP3 播放器，YuChun Huang，中国台湾地区

五、文化符号的使用原则

对以上文化符号的再审视可以发现，通过这种文化符号的重组或再设计，可以让设计师根据自己的视角和想象，去构建自己心中美好的文化景象，即在产品的特质、使用意义传达的基础上，表现出设计师对文化态度的诠释。值得关注的是，如何处理文化符号与产品之间的关系，一直是设计转换是否成功的重要问题。

习惯上，我们在决定产品的类别时，是以该类产品（某个时期）典型产品造型为中心的。某造型越接近典型产品造型，我们就越能确定它是哪类产品；反之，离典型产品造型越远，则越不容易识别与分类。这说明新造型的意义之所以可以被认知，而且又有创新，是因为它与典型产品造型间具有合适的距离和关联。此外，必须注意到，典型产品造型会因新的产品造型的大量出现而被取代，这一转变是渐进的。因此，在产品语意设计中，创新的设计应是典型产品与所模仿符号原型之间的一个适当的平衡点，即好的设计应该是产品典型特征与所借用的特定符号原型之间的适度融合，以产生新的设计及意义。

　　同时，通过语意设计把传统的情感与现代的技术、观念连接起来，并非是文化符号单纯、静态的重复，应是动态的，具有可重新组合、可改变、再创造的弹性。传统文化符号的设计更新要达到好的效果，要把握好其中转换的方法和创新的度，同时还必须注意合理性、艺术性、创造性三项原则在语意设计中的使用。这三项原则同时也是产品语意设计可以达到的三个不同境界。

　　1.合理性，即根据产品的功能特征、设计目标要求以及符号的特点，正确地选用合适的符号。

　　2.艺术性，指追求符号之间在形态、色彩、肌理等方面设计处理的和谐与对比，借助于特定的符号手法来突出产品设计的艺术美感。

　　具有美学倾向的建筑，却不一定同时就具有美学的价值[1]。矶崎新的筑波中心大厦采用"断裂"的方式，将现代建筑与传统建筑"折中"地组合并置在一起，一反造型美学的传统做法，把毫无关联的、失去尺度感的积木式构件无秩序地组合起来，在这种情况下，人们很难从中感受到文脉的探求，也感受不到人情味。基于传统文化的产品符号创新无疑继承了中国传统文化的哲学理念、美学意识、形制及工艺，关于形体搭配、比例尺度的和谐美感应是其转换追求的基本要求。

　　3.创造性，则要求设计师能够突破运用的陈规，对传统的符号赋予新的运用形式，同时大胆使用新材料和新工艺等，创造出新的效果。创新对于文化符号的再设计而言是必须的，只有在延续基础上的创新，文化才会有新的发展，消费者才会产生新的感动。这就需要我们不再停留于外部的符号或风

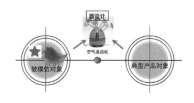

符号模仿产生新设计。越偏左，则产品越像被模仿的对象，为差异性大的产品；越偏右，则产品越像典型对象，为差异性小的产品（黄室苗.产品语意及其在设计上的应用，工业设计（82））

Together 烹饪家电，台湾实践大学房则呈设计

Bamboo cell 座椅设计，竹废料与塑料的结合，台湾实践大学孟繁名设计

1　李雄飞.建筑文化七题 [A].顾孟潮等.当代建筑文化与美学 [C].天津：天津科技出版社，1989.

韩国 MOTO 设计的空气净化器，净水器，体现
东方文化的特征：简洁大气、变化有度

TP-link3G 无线路由器，有切面的鹅卵石造
型，自然而细腻

韩国 LG 公司的 ARTCOOL Stylist 空调，由直
线和圆形成几何形状，亚光表面在视觉上让
人联想到布料图案

"雨"（Rain）加湿器，采用日本传统花瓶
的形状，形成友好的外观，与室内相协调

格表象，而从内心真正理解文化的观念和精神，理解潜藏于传统中的审美情
趣与深层思想本质，创造出真正崭新的作品。例如安藤忠雄在建筑与环境的
处理中沿袭对自然的尊重之情。

　　此外，在处理民族性和世界性的关系上，一方面要求符号学方法能够让
设计师抽取最具代表性和象征性的符号样式来进行设计表达，另一方面，符号
的形式也必须具有足够的开放度和被认知性[1]，并将其与时代的特征相结合。

　　经济的全球化，必然带来不同文化的冲击与磨合。不管是西学东鉴，
还是东学西鉴，有一点是可以肯定的，不同文化在寻求相互认同的同时，仍
然会保留各自的特色。因此，中国当代设计要对中国传统文化有深刻的感觉
和理解，把握中国几千年的起源与自然的敏感关联，并且将其作为一种优势
投入到设计之中。

　　总之，我们要注意到，传统不只是特定的形状或符号，而是人们生活
哲学里对传统产生的感情。这提醒我们要重新审视我们的文化遗产，把它结
合进我们现代的设计语意，而不是成为"文化的包袱"。我们设计时要注重
文化的亲身体验，从现象学的角度看，要尝试直接和整体地理解丰富的、可
触知的人类文化世界，并将日常生活及其环境也考虑在内。只有尽可能地实
地感受，深入地研究文化世界，才有可能掌握常被忽视的日常物品的文化意
义，进而引起新的审视和思考。也只有这样，才能建立地域传统文化与现代
设计的新融合，创造出新的"中国风格"设计。

1 海军. 视觉的诗学——平面设计的符号学向度 [M]. 重庆：重庆大学出版社，2007: 335.

课题研究   民间艺术考察与设计

　　选择中国传统文化中有特色的东西进行研究，例如民间艺术或泥人，也可集中考察某一地域的特征文化，例如山西的建筑、苏州的园林或西藏的装饰。从设计的视角，对大的建筑造型、环境与背景，小的器物用品的造型与装饰，还有相关的传统绘画、民间雕塑、工艺品等作深入的感受与研究。通过调研与实地体验，具体了解其文化符号在形态、色彩、材料、结构或哲学意识等方面具象或抽象的特征性表现，并进行关键词语的提炼和相应的视觉化概括。

　　尝试从易见的和不易见的现象中去更多更广地吸收不同元素，并加以合理的吸收借用，把文化符号结合在新的产品上，以形成具有中国特色的"时代产品"。

　　设计范围以消费类电子产品或家居生活用品为主。

山西晋祠、云南泸沽湖、丽江、松赞林寺等地的地域文化特征表现

山西建筑风格饮水机设计，王小亮设计

DIAN 系列云南采风灯具设计，马慧珊、董倩雯、关心、刘博雅设计（左图）；情迷东巴吊灯设计，滕依林、吴剑斌、沈促通设计（右图）

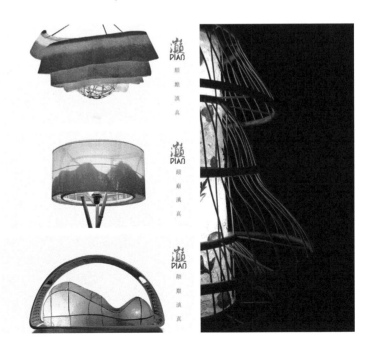

"尽善"四川采风餐具、灯具设计，王昕宇、赵天骥、
马颖慧设计

"漆品生活"灯具、文具设计，廖岳龙、张晓路设计

设计说明

落地灯的设计灵感来自于代表生命的树枝，底座以镂空的窗花为设计元素，上面则是树枝造型。

采用LED灯管点亮树枝，达到照明的效果。当落地灯开启睡眠模式的时候镂空的底座在黑夜中也能发出温和的亮光。中间撑杆以及灯头为金属铝，底座是木胎漆器。

民间艺术考察视觉传达设计，李敏设计，
寻胜兰、王俊指导

课题研究 历史印记——唐或其他朝代

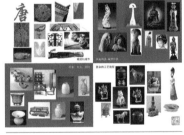

唐朝艺术的风格特征

中国历史上灿烂的朝代如汉朝、唐朝（或其他朝代），其众多艺术风格必然在人们的思想中留下历史的印记。它们总是通过外在或内在的符号表现出来，可能是外在的形态、色彩、结构、材料、装饰或细节，也可能是内在的秩序、观念或精神，还可能是其他艺术领域表现在设计上的"通感"符号，它们都力图呈现一种特定的美学意境。

选择一个朝代进行资料调研与解析。通过文化扫描的工具（飞利浦），寻找从当代观点看仍能够让人们在情感、文化层面产生感动的元素。在特定朝代中挑选最具典型性或最具特色的8～10个文化符号片段进行研究，并做图示的解析。例如明式家具简、厚、精、雅的协调，唐朝服饰的华丽丰富和器物的造型饱满圆润等。

同时，选择3～5个意大利、日本、韩国等国家和地区的典型设计案例，分析其类似的符号应用手法，特别是如何处理历史符号、文化片段与目标产品、相关环境之间的转换关系。

确定适合作为文化产品设计的产品种类，具有情感型、适意型、文化型的特性，包括家具灯具、家居用品、消费电子产品、音响产品等。结合前期的文化符号意象，围绕使用者、产品、环境、事件之间的关系，构建使用及文化的情境故事，以探讨产品的构想与设计的主题。

"领袖"电脑机箱设计，李乐设计（左图）；CD机设计，李隆设计（中图）；"唐韵"个人音响系统设计，康源设计（右图）

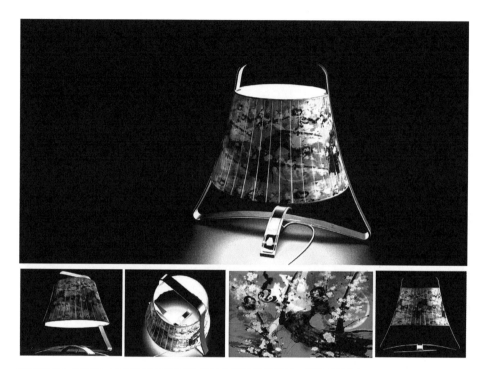

"汉"系列灯具设计
灵感来自汉代陶俑中的舞女形象，着重体现汉服饰裙摆的感觉，结合LED技术，勾勒出现代、有弹性的线条，温明男设计

浮光掠金——网络收音机设计
汲取汉代造物中轻盈富有张力的造型特点，注重繁简与材质的对比，追求既奢侈又内敛的感觉。通过滑动和转动顶部的金属滑块，达到调节音量和频道的双重作用，海洋设计

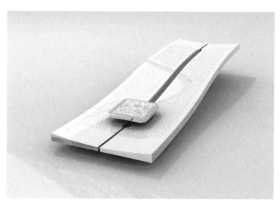

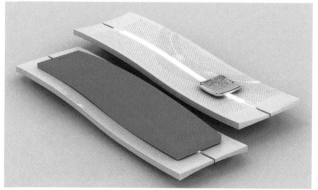

课题研究 和——中国传统文化再设计

苏州留园、拙政园

和谐（Harmony），包含了宜人、适当、均衡（动静、虚实）、适度的变化、与自然的关系等概念，无疑是中国文化中最根本、影响最深远的传统。体现大到人与自然、人与物、物与环境，小到用与美、文与质、形与神、材与艺等因素相互间的关系，简言之即一种相对平衡的关系。

回顾以往的传统设计，我们相信和谐不仅仅是表面层次的东西，其已成为一种剥离元素、符号过后剩下的观念和精神，一种由内而外的感染力。它在传统器物、家具及建筑中所体现的是一种潜藏的、广泛的文化精神与美学意识，需要自己去寻找、体验最触动自己的力量并将之在新的设计中重构。

例如我国早在唐代，陆羽在《茶经》中就对饮茶的器具哪些宜茶或不宜茶作了精辟的分析，指出越州瓷、岳州瓷皆青，青则益茶，茶作红白之色；邢州瓷白，茶色红；寿州瓷黄，茶色紫；洪州瓷褐，茶色黑，悉不宜茶。

又例如明式家具简、厚、精、雅的协调，中国画的水墨关系，园林与自然的关系，对拙或含蓄的境界的追求，古代宫廷建筑讲究的红、黑、白、金四色搭配，方与圆的关系，阴阳的互动，中国的古乐等。

和谐的思想总是通过特定的外在符号或隐藏的秩序表现出来。通过文化扫描（飞利浦）寻找对当代生活而言仍能够产生感动的元素，并初步探讨与现代产品联系的可能性与途径。同时，寻找现代设计师对它们的应用并作分析，例如日本、韩国或中国台湾地区的设计，以此来探讨什么样的设计元素及转换处理能够获得当代中国消费者的情感与文化认同。

"和"，无疑是传统与现代、中国与西方、技术与文化之间最好的设计交点。相关的文化符号或意识在新的产品上以重构方式加以尝试，使设计

具中国风格的水墨文化招贴，靳埭强设计

苏州博物馆茶壶展品

台北紫藤庐茶馆茶具、茶盘

体现中国传统文化的茶具

成为联系转换的桥梁。在数字电子技术的文化同化中超越现有的限制，追求"文化的解决"，而非"技术的解决"。

　　将和谐的理念及美学意识在当代产品上形成新的表现，探索"为中国消费者寻找设计的文化灵魂"的方法。

和（Hu）韵——Zino Z500，Togo 设计
一部 MP3 好像一个组合的麻将，在形态和材质上都有所体现，展示出中国"和为贵"、"和气生财"的"麻将文化"精髓，而其自由随意的按键又将西方文化进行诠释

"踏竹而和"足按摩机设计，设计灵感取自竹片和水墨等意象，传达给使用者悠然的感觉，秦翔设计

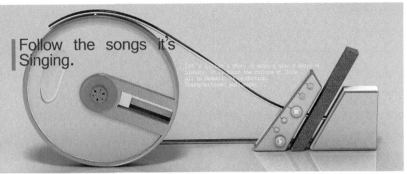

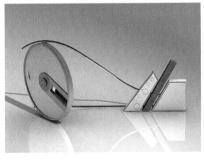
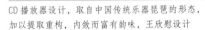

CD 播放器设计，取自中国传统乐器琵琶的形态，加以提取重构，内敛而富有韵味，王欣愍设计

MP3 播放器设计，以古代传统的乐器笛子、女性饰品钗为元素进行再设计，王月设计

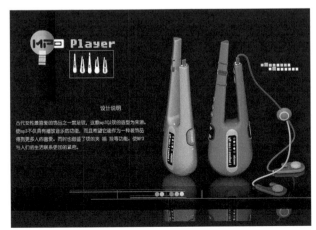
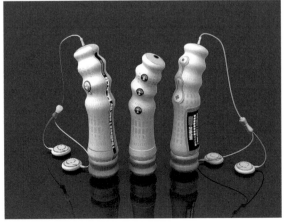

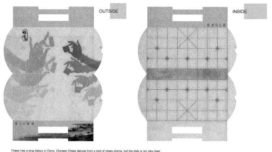

Chess has a long history in China. Chinese Chess derives from a kind of chess chorea, but this date is not very clear.

Chess can last till today, for not only it shows the thoughts of Chinese people, but also it is interesting and interactive. By this design, we want to continue and spread such interest and bring the Chinese Culture to the world.

Open the package, then the chessboard comes to your sight. Chess is made of food (cookies or biscuits). Once a chess piece is "eaten", then the one who plays chess has to eat a chess piece. As such, no one is able to regret when they are playing chess.

棋食及包装设计，蒋虔、唐士桢设计，沈杰、曹鸣等指导

HAND SHADOW LIGHT
" DANCE OF HAND SHADOW "

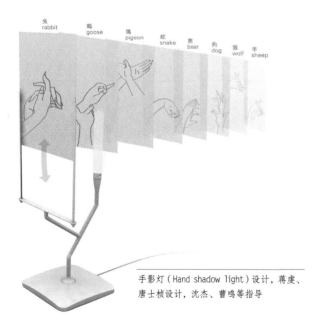

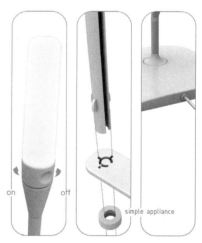

This is the very desk lamp that can give a decent excuse for every one to play. The content of the play is the Chinese traditional hand shadow. A hand-like imaginary picture is on the lampshade and the switch is in the lampshade. After a day's tired work, the moment people's hands enter into the lamp to turn off the lamp before they sleep, unintentionally their hands and the hand-like imaginary picture will coincide. Because of the shadow of the hand, the light forms a live hand shadow, which makes it more interesting to turn off the lamp. Then a day's depression may clear, making you relax and sleep soundly afterwards. The hand-like imaginary picture can be changed. As a result, people can learn the Chinese traditional hand shadow day by day. As an old Chinese saying goes, "Man is never too old to learn and play." Why not have a try?

這是給人們玩游戲一個恰當借口的臺燈，玩的內容是中國傳統游戲手影，燈罩上畫有手勢的虛線描圖，燈的開關被設置在燈罩裏面；當人們結束一天的疲憊，準備關燈睡覺的一剎那；當他們手伸進燈罩裏的時候，不經意間你會把自己的手形和燈罩上的虛線描圖結合，燈光因著手的流離，形成一個生動的手影圈形，讓關燈的過程變得有趣，一天的鬱悶可能會因此改變，放鬆了心靈，最後安心的睡去。燈罩上的虛線描圖可以更換，日積月累中也學習了一套中國傳統手影的技法，之所謂"玩到老，學到老"，何樂而不爲呢？

手影灯（Hand shadow light）设计，蒋虔、唐士桢设计，沈杰、曹鸣等指导

"拙器良造"竹木粉花器、灯具设计，
耿宪君设计，张宪指导

课题研究（2013）　经典国货的当代设计

蝴蝶牌缝纫机、三五牌座钟、熊猫牌收音机等新中国成立以来制造的民生百货产品，占据了当时人们生活的各个方面，曾经成为中国制造和民族品牌的代名词，维系国人关于一个时代的记忆。虽后因改革开放、国企改制及自身管理、技术、营销等的相对落后而逐渐淡出人们的视线，但这些代表性产品所展现的具有当时特色的功能、审美、装饰与材料工艺，所承载的特定时代的集体"文化记忆"、生活情感与历史痕迹，随着近来"国货回潮"、经典品牌复兴以及文化创意产业的兴起而得到积极的关注。

从双铃闹钟、熊猫收音机、缝纫机中任选一种，通过了解其历史文化价值、情感美学价值，同时结合当代国际流行风尚，尝试复兴国货产品，开发属于当代的"新国货"。

设计调研是课题研究的第一阶段。首先，应全面地了解你选择的目标经典国货的经典型号在形态、色彩、材质、结构等方面的特征性表现、情感

（生活）记忆和文化价值，进行关键词语的提炼和相应的设计解析（视觉化分析）。其次，分析当今该类产品（或相关产品）的发展，结合当今艺术设计潮流（如波普艺术、后现代主义风格等）、审美标准、产品发展趋势和流行风尚。然后，分析经典产品的当代再设计成功案例2个，例如永久C、富士相机等，总结其设计方法。最后，思考该类产品在现代社会、生活背景中的角色（功能或文化的），提出新时代的"新国货"的产品定义（图片、图表或关键词），具体包括设计目标（包括用户、功能需求、设计特色）、概念图板（产品与界面的趋势语言，开发、情境故事）。

　　在此基础上，进行经典国货的当代再设计，设计中应注意以下几点：注重时代文化特征意义的挖掘；注意当时特征符号的适度转化和现在的认知程度；挖掘国货产品与人们生活之间的联系，在背后的故事中寻找设计灵感，将新的设计融入当代生活。

经典国货再设计课题解读，卢梦得

DOMESTIC PRODUCTS CONTEMPORARY DESIGN 经典国货的当代设计

HISTORY 经典国货发展历史

19世纪末20世纪初　新中国成立以后　1978年，改革开放　2008年

DOMESTIC PRODUCTS CONTEMPORARY DESIGN 经典国货的当代设计

THE DIFFERENCE 国内外经典国货再设计差异

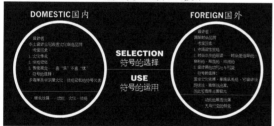

DOMESTIC PRODUCTS CONTEMPORARY DESIGN 经典国货的当代设计

JIEFANG SHOES 解放鞋

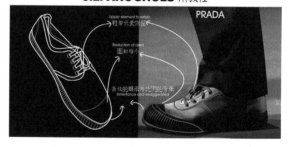

DOMESTIC PRODUCTS CONTEMPORARY DESIGN 经典国货的当代设计

DOMESTIC PRODUCTS REDESIGN 经典国货的再设计策略

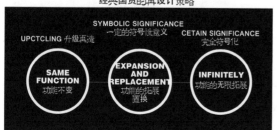

DOMESTIC PRODUCTS CONTEMPORARY DESIGN 经典国货的当代设计

BAGIGIA 热水袋包

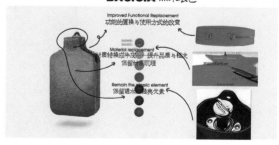

经典国货再设计的概念、历史、策略与示范，卢梦得

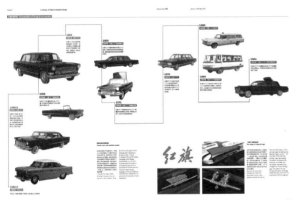

中国工业设计百年，红旗车型发展。
毛溪，耿文瑞．中国工业设计百年:01 红旗
[J]. Domus China, 2013（072）:252-253

红灯牌 2L143 型收音机，戴云亭，李晗．中
国工业设计百年:05 红灯 [J]. Domus China,
2013（076）:128-139

中国工业设计百年，红灯收音机经典机型

课题背景
Background Topics

对于那个没有网络、没有飞机的纯真而固苦的年代，生产力低下，肚子都不一定能填饱的情况下，相应的娱乐产业也非常落后的，因为能玩的少，所以能玩的也是宝，大家用的，玩的基本上都是一样的，因此这一代人都有着共同的回忆和物件精神寄托。而经典国货正式这些精神寄托的主要载体之一。

For that there is no network, no aircraft innocence and difficult years, under low productivity, not necessarily to fill the stomach, the corresponding entertainment industry is quite backward, because it can play a little, they are able to play also treasure, we used to play basically the same, so this generation have a common spiritual memories and objects. The classic domestics officially one of the main carriers of these spiritual sustenance.

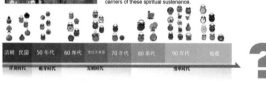

产品概况
Product Overview

1 特征：双铃马蹄钟最大特特点就在于钟身上两个金属铃，圆形的表盘，两个支脚。
2 现状：由于生产发展，时代的变化，现在许多双铃马蹄钟造型出现呆萌化，这样适应了新的流行趋势，但也因此是去了原有的厚实感和历史感。

1 features: dual bell bell Horseshoe largest special feature is that the two metal bell bell body, round dial, two feet.
2 Status: Due to the development of production, times change, and now many double bell bell horseshoe shape appeared to stay sprouting, so adapted to the new trends, but also therefore to the original solid sense and a sense of history.

铃铛
曲线手提把
半圆铁铃
筒形表身
圆形表盘
表针
支脚

概念1：设计目标
Concept 1：Design Goals

设计对象：双铃马蹄钟
目标人群：70-90 有一定文化修养和艺术审美的文艺人士
设计方向：
1 轻化作为钟的功能性，以一件艺术品的形式来其演绎成一个真有朴实，勇敢，坚特的时代精神的设计体现。
2 通过使用大泥艺术本等环保实环保的材料结合金属材料和的泥的这种适应往时的时代面貌又凸显现代的审美情趣。（水泥作为一种建筑材料，代表钢筋混凝土的中国大发展年代里人们的结晶勇敢，逆强的朴实的旧感点上的时代精神。
3 从触感和视觉上，寻找记忆的契合点
4 浮雕式的时代设计
表达效果：通过漆料的材质和事质的外形，一方面满足有怀过时代记忆的需求，另一方面作为一个浮朴自然的装饰，做饰环境，带来轻松愉悦的视觉体验。

Design objects: double bell bell Horseshoe
Target population: 70-90 has some cultural enrichment and aesthetic literary persons
Design direction:
1 A weakening as the clock functionality in the form of a work of art to be interpreted as having a simple, courageous, adhere to the spirit of the times.
Art Decoration.
2 by using cement simple environmentally friendly materials such as cork combination of metal materials and stylish interpretation of the past era of modern aesthetic texture and highlights
Fun. (Cement as a building material, reinforced concrete representatives of China's great development where people unite brave, strong earthy positive spirit of the times.)
3 from tactile and visual memory to find a meeting point
4 embossed graphic era
Effect of expression: through simple and familiar shape of the material, on the one hand to satisfy the nostalgic memories of the times people need to pursue, on the other hand, as a simple natural ornaments, decorative environment, bringing relaxed visual experience.

概念2：氛围图版
Concept 2: Atmosphere Plate

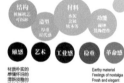

结构
机械核芯
可任部
材料
水泥
公铝
株木等
造型
厚度
时代感
功能
闹钟
报时提示

触感　艺术　工业感　稳重　革命感

材质朴实的
怀旧的
清新流雅的
轻松自然地
时代符号
别致的触感搭配单
色彩温和的

Earthy material
Feelings of nostalgia
Fresh and elegant
Easily Naturally
Sign of the times
Chic touch texture
Gentle colour

双铃马蹄钟背景调研、产品定义及
氛围图板

"筑造"年代系列闹钟设计，杨颖设计

通透
Transparent

Transparent 通透

"通透"双铃马蹄表再设计，宋一凡设计

熊猫网络收音机背景调研、
产品定义及氛围图板

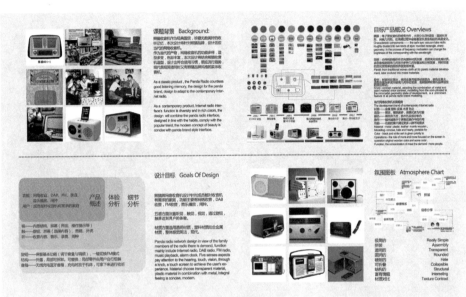

场景效果图 Scene Rendering

熊猫网络收音机设计，董倩
雯、叶子慧设计

课题背景 Background

经典国货在当今中国人的回忆中的器物中占据极大的地位。其产品本身在这人自国人人心目中就有着强烈的认同感。在当今人们生活压力渐渐增大的同时，怀旧与复古产品正在慢慢侵入我们的视野。老国货无论从产品造型和质量上来说都极具特色并兼含时代的气息。今年来，LV和GUCCI等国外品牌对中国早期的国货进行了模仿与借鉴，向世界展示了一个不一样的老国货，同时以这种行为激发了中国人的爱国情怀，增加了对本土老国货的期待和追捧。

Occupy significant position in the Chinese classic products recalls theartifacts.Theproduct itself in the minds of the Chinese people have a strong sense of identity. In the pressure of life in today's people began to increase at the same time, nostalgia and retro products is slowly encroaching on the horizon. The old products in terms of product design and quality, unique and rich flavor of t he times. This year, LV and GUCCI and other foreign brands to imitate and reference to theChinese early products, showinga differentoldproducts to the world, at the same time, this kind of behavior aroused theChinesepatriotism,added to the local old 'expectation and pursuit.

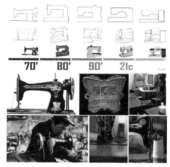

目标产品概况 Overview

1.从1970年至今，缝纫机的造型受到设计风格和加工工艺的影响而经历了从圆润曲线，结构单一到几何化造型风格严置，再到原来注重人机交互的演变。
2.早期的产品颜色以黑、金配色为主，金属材质，反光锐利，给人沉稳的感觉。机械零件的裸露给人以精致感，机身的曲面使人感觉很流畅。T型整机比例和协调。
3.功能较为单一，受当时技术限制。
4.动力为人力。
5.当时的使用人群是家庭妇女，编制的布料多为棉麻布。

1 From 70 years up to now, sewing machines and other affected thedesignstyle andprocess, has experienced from the smooth curve,single structure to geometricmodeling stylesseriously, to focuson the evolution andhuman-computer interaction.
2 Early product color to black, golden color, metal materials, reflecting a sharp, give a person the feeling of calm. The mechanical parts of the exposed to the exquisite sense of body surface, so that people feel very smooth. Type T machine harmonious proportions.
3 Has singlefunction,by the time the technology limited.
4 Power to human.
5 Then use the crowd is a housewife, making cloth for cotton linen.

设计目标 Design aim

国内对怀旧风的影响下，国内缝纫机市场尚有巨大的开发潜力。

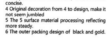

2008年金年"蝴蝶牌"缝纫机海内外销量对比

Export ▇ 460K

Domestic ▇ 50K

具体设计：
1. 简化机身线型，让曲线变得更加干脆。
2. 增加底座，改变原有缝纫机的笨重感。
3. 简化转轮结构，使机身更加简洁。
4. 表面材质处理反光更加沉稳。
5. 黑金色，白金色为主的外型设计。
6.增加本质纹理，让缝纫机显得更加有人情味。

1 Simplified body type, make the curve becomes more flat.
2 Base, changing the original sewing machine heavy feeling.
3 Simplified runner structure, make it more concise.
4 Original decoration from 4 to design, make it not seem jumbled
5 The 5 surface material processing reflecting more steady.
6 The outer packing design of black and gold.

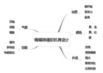

氛围图版 Rendering

1.曲线感 Curvy
2.现代感 Modern
3.曲面单一顺滑 Surfacesmooth
4.反光沉稳 Reflecting stable
5.优雅 Elegance
6.精致 Fine
7.易操作 Easy to operate
8.功能较为丰富 Rich functions
9.疏密对比明显 Density contrast

蝴蝶牌缝纫机背景调研、产品定义及氛围图板

蝴蝶牌缝纫机再设计，王成真、王睿设计

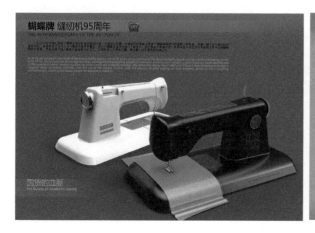

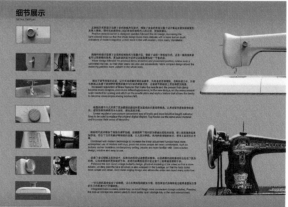

参考文献

[1] [瑞士] 费尔迪南·德·索绪尔. 普通语言学教程 / 汉译世界学术名著丛书 [M]. 高名凯译. 北京：商务印书馆，1980.

[2] [意] 艾柯. 符号学理论 [M]. 北京：中国人民大学出版社，1990.

[3] [法] 罗兰·巴尔特. 符号学原理 [M]. 李幼蒸译. 上海：生活·读书·新知三联书店，1988.

[4] [法] 罗兰·巴尔特. 符号帝国 [M]. 孙乃修译. 北京：商务印书馆，1994.

[5] [美] 苏珊·朗格. 情感与形式 [M]. 刘大基等译. 北京：中国社会科学出版社，1986.

[6] [日] 池上嘉延. 符号学入门 [M]. 张晓云译. 北京：国际文化出版公司，1985.

[7] [法] 让·鲍德里亚. 消费社会 [M]. 刘成富，全志钢译. 南京：南京大学出版社，2001.

[8] 李幼蒸. 理论符号学导论（第 3 版）[M]. 北京：中国人民大学出版社，2007.

[9] 顾孟潮，王明贤，李雄飞等. 当代建筑文化与美学 [M]. 天津：天津科技出版社，1989.

[10] 刘先觉. 现代建筑理论 [M]. 北京：中国建筑工业出版社，1999.

[11] 刘育东. 在电脑时代认识建筑——建筑的涵意 [M]. 天津：天津大学出版社，1999.

[12] [德]Bernhard E. Burdek. 工业设计：产品造型的历史. 理论与实务 [M]. 胡佑宗译. 台北：亚太图书出版社，1996.

[13] [德] 伯恩哈德·E·布尔德克. 产品设计：历史. 理论与实务 [M]. 胡飞译. 北京：中国建筑工业出版社，2007.

[14] 王受之.世界现代设计史 [M]. 北京：中国青年出版社，2002.

[15] 许力.后现代主义 20 讲 [M]. 上海：上海社会科学院出版社，2005.

[16] 滕守尧.审美心理描述 [M]. 成都：四川人民出版社，1998.

[17] 杨裕富.设计的文化基础：设计、符号、沟通 [M]. 台北：亚太图书出版社，1998.

[18] 马克斯·本泽.广义符号学及其在设计中的应用 [M]. 徐恒醇译.北京：中国社会科学出版社，1992.

[19] [美] 马克·地亚尼.非物质社会——后工业世界的设计、文化、技术 [M]. 滕守尧译.成都：四川人民出版社，1998.

[20] [日] 原研哉.设计中的设计 [M]. 朱锷译.济南：山东人民出版社，2006.

[21] 张宪荣.设计符号学 [M]. 北京：化学工业出版社，2004.

[22] 张凌浩.符号学产品设计方法 [M]. 北京：中国建筑工业出版社，2011.

[23] 胡飞.工业设计符号基础 [M]. 北京：高等教育出版社，2007.

[24] 过伟敏.建筑艺术遗产保护与利用 [M]. 南昌：江西美术出版社，2007.

[25] [美] 唐纳德·诺曼.情感化设计 [M]. 付秋芳等译.北京：电子工业出版社，2005.

[26] 胡飞.中国传统设计思维方式探索 [M]. 北京：中国建筑工业出版社，2007.

[27] 李砚祖.设计之维 [M]. 重庆：重庆大学出版社，2007.

[28] 沈克宁.当代建筑设计理论——有关意义的探索 [M]. 北京：中国水利水电出版社，2009.

[29] 张凡.城市发展中的历史文化保护对策 [M]. 南京：东南大学出版社.2006.

[30] 海军.视觉的诗学：平面设计的符号学向度 [M]. 重庆：重庆大学出版社，2007.

[31] 柳沙.设计艺术心理学 [M]. 北京：清华大学出版社，2006.

[32] [英] 罗伯特·克雷.设计之美 [M]. 尹弢译.济南：山东画报出版社，2010.

[33] [意] 罗伯托·维甘提.设计力创新 [M]. 台北：马可孛罗文化，2011.

[34] K.Krippendorff, R.Butter. Product Semantics：Exploring the Symbolic Qualities of Form[J]. Innovation，1984（Spring）